ERGEBNISSE DER
ANGEWANDTEN MATHEMATIK

UNTER MITWIRKUNG DER SCHRIFTLEITUNG DES
„ZENTRALBLATT FÜR MATHEMATIK“

HERAUSGEGEBEN VON L. COLLATZ UND F. LÖSCH

4

THEORIE DER BEUGUNG ELEKTROMAGNETISCHER WELLEN

VON

DR. W. FRANZ

APL. PROFESSOR DER THEORETISCHEN PHYSIK
AN DER UNIVERSITÄT MÜNSTER/WESTF.

MIT 29 ABBILDUNGEN

SPRINGER-VERLAG
BERLIN · GÖTTINGEN · HEIDELBERG
1957

ISBN-13: 978-3-540-02132-2 e-ISBN-13: 978-3-642-88465-8
DOI: 10.1007/978-3-642-88465-8

ALLE RECHTE, INSBESONDERE DAS DER ÜBERSETZUNG
IN FREMDE SPRACHEN, VORBEHALTEN
OHNE AUSDRÜCKLICHE GENEHMIGUNG DES VERLAGES IST ES AUCH NICHT
GESTATTET, DIESES BUCH ODER TEILE DARAUS AUF PHOTOMECHANISCHEM WEGE (PHOTOKOPIE, MIKROKOPIE) ZU VERVIELFÄLTIGEN
© BY SPRINGER-VERLAG OHG.
BERLIN/GÖTTINGEN/HEIDELBERG 1957

Vorwort

Gegenstand des vorliegenden Artikels sind die mathematischen Methoden der Berechnung des elektromagnetischen Feldes bei gegebener Materialverteilung und gegebenen Strahlungsquellen. Die Themenstellung steht dabei unter dem Gesichtspunkte der angewandten Mathematik, was am besten dadurch charakterisiert wird, daß einerseits die Existenzsätze als gegeben betrachtet und daher nicht behandelt werden; daß anderseits kein Vergleich mit physikalischen Messungen durchgeführt wird. Dagegen werden die charakteristischen Methoden der Feldberechnung unter einem einheitlichen Gesichtspunkt so ausführlich dargestellt, daß sie im allgemeinen ohne Heranziehung fremder Hilfsmittel verstanden werden können, ebenso wie die zur Erläuterung behandelten ausgewählten Beispiele. Naturgemäß können diese Beispiele nicht entfernt alle wichtigen Gegenstände umfassen, welche in der gerade in neuester Zeit sehr umfangreichen Literatur zur elektromagnetischen Beugungstheorie enthalten sind; der Zugang zu dieser Literatur soll durch das Literaturverzeichnis ermöglicht werden, bei welchem möglichste Vollständigkeit angestrebt wurde.

Als Kernstück des Büchleins mag der zweite Abschnitt angesehen werden; ich habe hier Gelegenheit genommen, den gesamten Komplex der sog. „Watson-Transformation" mit den neuerdings aufgetretenen Gesichtspunkten zusammenfassend darzustellen, und die dafür benötigte Theorie der Zylinderfunktionen von positivem Argument und komplexem Index ab ovo zu entwickeln. Auf eine Behandlung der Beugung am Ellipsoid habe ich bewußt verzichtet, da ich es für vermessen gehalten hätte, auf beschränktem Raum eine neue Darstellung der Sphäroidfunktionen zu versuchen, nachdem soeben von berufenster Stelle zwei Bücher über diesen Gegenstand erschienen sind (Meixner-Schäfke und Stratton). — Bezüglich der Variationsmethoden sei auf das Buch von Borgnis und Papas verwiesen.

Dem Herrn Herausgeber und dem Springer-Verlag darf ich für die Anregung zur Abfassung dieses Bändchens und für die verständnisvolle Zusammenarbeit während der Entstehung herzlich danken.

Münster i. W., im April 1957.

Walter Franz

Inhaltsverzeichnis

I. Abschnitt

Allgemeine Grundlagen

1. Maxwellsche Gleichungen — Existenz und Eindeutigkeit der Lösungen

Aufgabe der Beugungstheorie ist es, die elektromagnetische Strahlung zu berechnen, welche von gegebenen Strahlungsquellen (Antennen, Lichtquellen) in einer gegebenen äußeren Umgebung erzeugt werden. Die äußere Umgebung ist charakterisiert durch die Dielektrizitätskonstante ε und Permeabilität μ als Funktion des Ortsvektors $\mathfrak{r}$, die Strahlungsquellen durch eine gegebene Verteilung von Stromdichte $\mathfrak{j}(\mathfrak{r}, t)$ und Ladungsdichte $\varrho(\mathfrak{r}, t)$. Diese Funktionen sollen zunächst als stetig und differenzierbar angesehen werden. Das elektromagnetische Feld wird durch die Maxwellschen Gleichungen bestimmt:

$$\operatorname{rot} \mathfrak{H} = \frac{\partial \mathfrak{D}}{\partial t} + \mathfrak{j}; \qquad \operatorname{div} \mathfrak{D} = \varrho; \tag{1a}$$

$$\operatorname{rot} \mathfrak{E} = -\frac{\partial \mathfrak{B}}{\partial t}; \qquad \operatorname{div} \mathfrak{B} = 0. \tag{1b}$$

Hierin ist $\mathfrak{E}$ der Vektor der elektrischen Feldstärke, $\mathfrak{D}$ die elektrische Verschiebung, $\mathfrak{H}$ die magnetische Feldintensität und $\mathfrak{B}$ die magnetische Induktion. Die beiden elektrischen Feldvektoren und die beiden magnetischen Feldvektoren sind dabei verknüpft durch

$$\mathfrak{D} = \varepsilon\, \mathfrak{E}; \qquad \mathfrak{B} = \mu\, \mathfrak{H}. \tag{2}$$

Allerdings sind diese Beziehungen weniger allgemeingültig als die Gleichungen (1): In anisotropen Medien ist ε und μ durch je eine symmetrische Dyade zu ersetzen, welche mit $\mathfrak{E}$ und $\mathfrak{H}$ skalar zu multiplizieren ist; schwerer wiegt jedoch, daß Beziehungen der Art (2) überhaupt nicht mehr gelten, wenn das elektromagnetische Feld kurzzeitigen Veränderungen unterworfen ist, deren Periode in das Gebiet der ultraroten oder gar sichtbaren Frequenzen fällt. Dann lassen sich die Gleichungen (2) nur mehr für monochromatische Schwingungen einer bestimmten festen Frequenz aufstellen, und ε und μ werden frequenzabhängig. — Die Stromverteilung läßt sich nur im nichtleitenden Material vorgeben. In

Leitern ist sie durch das Ohmsche Gesetz

$$\mathfrak{j} = \sigma \mathfrak{E} \tag{3}$$

mit der elektrischen Feldstärke verknüpft.

Unterwirft man die Strom- und Ladungsverteilung ebenso wie die Feldvektoren einer zeitlichen Fourier-Analyse, so müssen die Maxwellschen Gleichungen, da sie linear sind, für jede einzelne Fourier-Komponente gelten. Man kann sich daher auf die Lösung des Beugungsproblems für monochromatische Schwingungen beschränken. Bequemererweise rechnet man mit komplexen Größen, deren Zeitabhängigkeit in einem Faktor $e^{-i\omega t}$ besteht, wo ω die Kreisfrequenz, $\frac{\omega}{2\pi}$ die Frequenz der Schwingungen ist. Die reellen physikalischen Größen $\mathfrak{j}$, ϱ, $\mathfrak{E}$, $\mathfrak{H}$, $\mathfrak{D}$, $\mathfrak{B}$ kann man dabei gleich dem Realteil der entsprechenden komplexen Größen setzen. Die Maxwellschen Gleichungen gehen über in

$$\operatorname{rot} \mathfrak{H} = -i\,\omega\,\varepsilon\,\mathfrak{E} + \mathfrak{j}; \tag{4a}$$

$$\operatorname{rot} \mathfrak{E} = i\,\omega\,\mu\,\mathfrak{H}. \tag{4b}$$

Die beiden Divergenzbedingungen sind nicht mehr nötig, da die zweite durch (4b) erfüllt wird, während die erste lediglich dazu dient, die Ladungsverteilung ϱ aus der Stromverteilung $\mathfrak{j}$ auszurechnen, was uns jedoch im folgenden nicht mehr interessieren wird. Im leitenden Material kann man mittels (3) die Stromverteilung völlig eliminieren, wobei an Stelle der Größe ε in (8a) die modifizierte Größe

$$\hat{\varepsilon} = \varepsilon + \frac{i\,\sigma}{\omega} \tag{5}$$

eintritt. Komplexe Dielektrizitätskonstante, ebenso komplexes μ (mit positivem Imaginärteil) bedingt eine Schwächung der von den Quellen ausgehenden Strahlung durch Absorption.

Der Beweis für die Existenz der Lösungen von (4) wird in einer Monographie von Claus Müller [1957] ausführlich dargestellt. Wir können davon ausgehen, daß stets eine Lösung $\mathfrak{E}$, $\mathfrak{H}$ existiert, welche die Gleichungen (4) in einem gegebenen endlichen Raumbereich von differenzierbarer Berandung erfüllt, während die zur Randfläche parallelen Komponenten von $\mathfrak{E}$ oder $\mathfrak{H}$ oder einer gegebenen Linearkombination von ihnen

$$\mathfrak{F}(\mathfrak{r}) = e(\mathfrak{r})\,\mathfrak{E}(\mathfrak{r}) + h(\mathfrak{r})\,\mathfrak{H}(\mathfrak{r}) \tag{6}$$

[überall $e\,h \not\equiv 0$; e, h reell, sonst beliebig]

vorgeschriebene Werte $\mathfrak{F}_{||}$ auf der Randfläche annimmt. Daß dadurch die Lösung eindeutig festgelegt wird, läßt sich leicht zeigen. Wir betrachten zu diesem Zweck zwei Lösungen $\mathfrak{E}_1$, $\mathfrak{H}_1$ und $\mathfrak{E}_2$, $\mathfrak{H}_2$, welche zu derselben Materialverteilung ε, μ, jedoch zu verschiedenen Stromverteilungen $\mathfrak{j}_1$ und $\mathfrak{j}_2$ gehören sollen. Aus (4a) folgt

$$\int (\mathfrak{j}_1 \cdot \mathfrak{E}_2 - \mathfrak{j}_2 \cdot \mathfrak{E}_1)\, d\tau = \int (\mathfrak{E}_2 \cdot \operatorname{rot} \mathfrak{H}_1 - \mathfrak{E}_1 \cdot \operatorname{rot} \mathfrak{H}_2)\, d\tau,$$

worin $\int d\tau$ eine räumliche Integration ist, welche über den gesamten betrachteten Raumbereich zu erstrecken ist. Mittels des allgemeinen Gaußschen Integralsatzes $\int d\tau = \int d\mathfrak{o} \cdot \nabla$ ($d\mathfrak{o}$ = Flächenelement der Berandung, nach außen orientiert) läßt sich die rechte Seite verwandeln in

$$\int d\mathfrak{o} \cdot (\mathfrak{E}_1 \times \mathfrak{H}_2 - \mathfrak{E}_2 \times \mathfrak{H}_1) + \int (\mathfrak{H}_1 \cdot \operatorname{rot} \mathfrak{E}_2 - \mathfrak{H}_2 \cdot \operatorname{rot} \mathfrak{E}_1)\, d\tau,$$

wovon der letzte Summand wegen (4b) verschwindet. Man erhält so die Beziehung

$$\int d\tau\, (\mathfrak{j}_1 \cdot \mathfrak{E}_2 - \mathfrak{j}_2 \cdot \mathfrak{E}_1) = \int d\mathfrak{o} \cdot (\mathfrak{E}_1 \times \mathfrak{H}_2 - \mathfrak{E}_2 \times \mathfrak{H}_1). \tag{7}$$

Um die Eindeutigkeit zu beweisen, nehmen wir an, es gäbe zwei verschiedene Lösungen zu derselben Stromverteilung mit denselben Randwerten der Größe $\mathfrak{F}_{||}$ von Gl. (6). Die Differenz dieser beiden Lösungen wäre dann eine Lösung $\mathfrak{E}_1$, $\mathfrak{H}_1$ zu der Stromverteilung $\mathfrak{j}_1 = 0$ mit den Randwerten $\mathfrak{F}_{||} = 0$. Die zweite Lösung $\mathfrak{E}_2$, $\mathfrak{H}_2$ möge zu einer beliebigen Stromverteilung $\mathfrak{j}_2$ gehören und die Randwerte

$$\tilde{\mathfrak{F}}_{||}(\mathfrak{r}) \equiv e(\mathfrak{r})\, \mathfrak{E}_{2||}(\mathfrak{r}) - h(\mathfrak{r})\, \mathfrak{H}_{2||}(\mathfrak{r}) = 0 \tag{6a}$$

annehmen. Dann verschwindet für diese beiden Lösungen die rechte Seite der Gl. (7) und die linke lautet

$$\int \mathfrak{E}_1 \cdot \mathfrak{j}_2\, d\tau = 0.$$

Da die Stromverteilung $\mathfrak{j}_2$ völlig willkürlich ist, bedeutet dies $\mathfrak{E}_1 = 0$; es gibt somit keine von null verschiedene Lösung der homogenen Maxwellschen Gleichungen mit der Randbedingung $\mathfrak{F}_{||} = 0$. Somit gibt es zu gegebener Stromverteilung und gegebenen Randwerten von $\mathfrak{F}_{||}$ nur eine Lösung der Maxwellschen Gleichungen.

2. Schwingungsgleichungen, Greensche Dyaden

Aus den Maxwellschen Gleichungen kann man wahlweise $\mathfrak{H}$ oder $\mathfrak{E}$ eliminieren und damit eine vektorielle Differentialgleichung zweiter Ordnung für $\mathfrak{E}$ bzw. $\mathfrak{H}$ gewinnen:

$$\left(\operatorname{rot} \frac{1}{\mu} \operatorname{rot} - \omega^2 \varepsilon\right) \mathfrak{E} = i\, \omega\, \mathfrak{j} \tag{8a}$$

$$\left(\operatorname{rot} \frac{1}{\varepsilon} \operatorname{rot} - \omega^2 \mu\right) \mathfrak{H} = \operatorname{rot} \left(\frac{\mathfrak{j}}{\varepsilon}\right). \tag{8b}$$

Es genügt, eine dieser beiden vektoriellen Schwingungsgleichungen zu lösen und die fehlende Feldstärke aus (4) zu errechnen; sie erfüllt dann automatisch die andere Schwingungsgleichung (8). Wir beschränken uns zunächst auf Lösungen, welche einer homogenen linearen Randbedingung $\mathfrak{F}_{||} = 0$ genügen, wobei $\mathfrak{F}$ wie in Gl. (6) zu definieren ist. Wegen der Linearität der Gleichungen (8) ist dann das gesamte Strahlungsfeld eine lineare Superposition der Strahlungsfelder, welche durch die in den einzelnen Raumteilen herrschenden Stromverteilungen erzeugt werden. Man kann daher die Aufgabe der Beugungstheorie reduzieren auf die Bestimmung des Strahlungsfeldes einer auf engem Raum lokalisierten Quelle. Um dies durchzuführen, betrachten wir eine Folge stetiger und differenzierbarer Raumfunktionen $\delta_\eta(\mathfrak{r}, \mathfrak{r}')$ mit den folgenden Eigenschaften

$$\begin{aligned} \delta_\eta(\mathfrak{r}, \mathfrak{r}') &= 0 \qquad \text{für} \quad |\mathfrak{r} - \mathfrak{r}'| \geq \eta; \\ \delta_\eta(\mathfrak{r}, \mathfrak{r}') &\geq 0 \qquad \text{für} \quad |\mathfrak{r} - \mathfrak{r}'| < \eta; \\ \int \delta_\eta(\mathfrak{r}, \mathfrak{r}')\, d\tau &= 1. \end{aligned} \tag{9}$$

Die Werte des Parameters η sollen den Häufungspunkt 0 besitzen. Eine beliebige stetige Stromverteilung $\mathfrak{j}(\mathfrak{r})$ läßt sich dann mit beliebiger Genauigkeit darstellen durch

$$\mathfrak{j}(\mathfrak{r}) \approx \int \delta_\eta(\mathfrak{r}, \mathfrak{r}')\, \mathfrak{j}(\mathfrak{r}')\, d\tau' = \int \delta_\eta(\mathfrak{r}, \mathfrak{r}')\, I \cdot \mathfrak{j}(\mathfrak{r}')\, d\tau', \tag{10}$$

wenn nur η hinreichend klein gewählt wird. I ist hierin die Dyade Eins. Die dyadische Schwingungsgleichung

$$\left(\operatorname{rot} \frac{1}{\mu(\mathfrak{r})} \operatorname{rot} - \omega^2 \varepsilon(\mathfrak{r})\right) \Gamma_\eta(\mathfrak{r}, \mathfrak{r}') = I\, \delta_\eta(\mathfrak{r}, \mathfrak{r}') \tag{11}$$

für die dyadische Funktion Γ_η besitzt nach dem vorigen Abschnitt genau eine Lösung, welche auf dem Rande vorgeschriebene Werte für die parallelen Anteile einer gegebenen Linearkombination von Γ_η und $\operatorname{rot} \Gamma_\eta$ besitzt. Die Lösung der Schwingungsgleichung (8) wird mit beliebiger Genauigkeit durch die Funktion

$$\mathfrak{E}(\mathfrak{r}) \approx i\,\omega \int \Gamma_\eta(\mathfrak{r}, \mathfrak{r}') \cdot \mathfrak{j}(\mathfrak{r}')\, d\tau' \tag{12}$$

dargestellt, wenn nur η hinreichend klein ist. Der Limes $\eta \to 0$ existiert daher, darf aber nicht ohne weiteres an der Funktion Γ_η ausgeführt werden. Wir müssen zunächst untersuchen, inwieweit die Funktion Γ_η selbst für $\eta \to 0$ gegen eine Grenzfunktion konvergiert. Dazu betrachten wir erneut Gl. (7) mit zwei willkürlichen Stromverteilungen $\mathfrak{j}_1$ und $\mathfrak{j}_2$, wobei die Lösungen $\mathfrak{E}_1$, $\mathfrak{H}_1$ und $\mathfrak{E}_2$, $\mathfrak{H}_2$ folgenden beiden zueinander reziproken Randbedingungen unterworfen werden sollen:

$$\begin{aligned} \mathfrak{F}_{1||}(\mathfrak{r}) &= e(\mathfrak{r})\, \mathfrak{E}_{1||}(\mathfrak{r}) + h(\mathfrak{r})\, \mathfrak{H}_{1||} = 0, \\ \tilde{\mathfrak{F}}_{2||}(\mathfrak{r}) &= e(\mathfrak{r})\, \mathfrak{E}_{2||}(\mathfrak{r}) - h(\mathfrak{r})\, \mathfrak{H}_{2||} = 0. \end{aligned}$$

Dann verschwindet die rechte Seite von (7). In die linke Seite führen wir die genäherte Darstellung (12) für die beiden elektrischen Feldvektoren ein, wobei wir zwei verschiedene Werte für η auswählen. Dies ergibt

$$\int d\tau \int d\tau' \big(\mathfrak{j}_1(\mathfrak{r}) \cdot \tilde{\Gamma}_{\eta 2}(\mathfrak{r}, \mathfrak{r}') \cdot \mathfrak{j}_2(\mathfrak{r}') - \mathfrak{j}_2(\mathfrak{r}) \cdot \Gamma_{\eta 1}(\mathfrak{r}, \mathfrak{r}') \cdot \mathfrak{j}_1(\mathfrak{r}')\big) = 0 .$$

Benennt man im ersten Summanden die Integrationsvariablen um und geht zur transponierten Dyade $\bar{\bar{\Gamma}}_{\eta 2}$ über, so ergibt sich

$$\int d\tau \int d\tau' \, \mathfrak{j}_2(\mathfrak{r}) \cdot \big(\bar{\bar{\Gamma}}_{\eta 2}(\mathfrak{r}', \mathfrak{r}) - \Gamma_{\eta 1}(\mathfrak{r}, \mathfrak{r}')\big) \cdot \mathfrak{j}_1(\mathfrak{r}') \, d\tau = 0 . \tag{13}$$

Dies muß beliebig genau gelten, wenn nur η_1 und η_2 unterhalb einer hinreichend kleinen Schranke η liegen. Da die Funktionen Γ von den willkürlichen Stromverteilungen $\mathfrak{j}_1$ und $\mathfrak{j}_2$ unabhängig sind, folgt, daß die Funktion $(\bar{\bar{\Gamma}}_{\eta_2} - \Gamma_{\eta_1})$ in jedem endlichen Raumbereich einen Mittelwert besitzen muß, der beliebig klein ist, sofern η_1 und η_2 unter einer hinreichend kleinen Schranke η liegen. Wir können daraus nicht unmittelbar schließen, daß die beiden Folgen Γ_{η_1} und Γ_{η_2} gegen eine gemeinsame Funktion konvergieren, da die Funktionen δ_η nach (9) in der Umgebung von $\mathfrak{r} = \mathfrak{r}'$ für kleine η beliebig große Werte annehmen, und deshalb nach (11) Γ_η sich keiner in $\mathfrak{r}'$ stetigen Funktion annähern kann. Da jedoch $\mathfrak{r} = \mathfrak{r}'$ der einzige Punkt ist, für welchen die Differentialgleichung (23) ein im lim $\eta \to 0$ singuläres Verhalten zeigt, kann man schließen, daß für $\mathfrak{r} \neq \mathfrak{r}'$ eine stetige Funktion $\Gamma(\mathfrak{r}, \mathfrak{r}')$ von $\mathfrak{r}$ und $\mathfrak{r}'$ existiert, gegen welche sowohl $\bar{\bar{\Gamma}}_{\eta_2}(\mathfrak{r}', \mathfrak{r})$ wie $\Gamma_{\eta_1}(\mathfrak{r}, \mathfrak{r}')$ konvergieren. Wir nennen $\Gamma(\mathfrak{r}, \mathfrak{r}')$ die zu der Randbedingung $\mathfrak{F} = 0$ gehörige Greensche Dyade. Sie genügt der Gleichung

$$\left(\operatorname{rot} \frac{1}{\varepsilon(\mathfrak{r})} \operatorname{rot} - \omega\,\mu(\mathfrak{r})\right) \Gamma(\mathfrak{r}, \mathfrak{r}') = 0 \quad \text{für} \quad \mathfrak{r} \neq \mathfrak{r}' . \tag{14}$$

Da sie gleichzeitig durch $\Gamma_{\eta_1}(\mathfrak{r}, \mathfrak{r}')$ wie durch $\bar{\bar{\Gamma}}_{\eta_2}(\mathfrak{r}', \mathfrak{r})$ approximiert wird, gilt das Reziprozitätstheorem

$$\Gamma(\mathfrak{r}', \mathfrak{r}) = \bar{\bar{\Gamma}}(\mathfrak{r}, \mathfrak{r}') . \tag{13a}$$

Bei Vertauschung von Auf- und Quellpunkt geht also die Greensche Dyade in die transponierte Dyade des reziproken Problems über, bei den selbstreziproken Randbedingungen $\mathfrak{E}_{||} = 0$ bzw. $\mathfrak{H}_{||} = 0$ einfach in ihre eigene Transponierte. Dies bedeutet, daß ein im Punkt $\mathfrak{r}'$ fließender Strom der Richtung $\mathfrak{a}'$ im Punkte $\mathfrak{r}$ eine zu $\mathfrak{a}$ parallele elektrische Feldkomponente hervorruft, welche ebenso stark ist wie die Feldkomponente parallel $\mathfrak{a}'$ in $\mathfrak{r}'$, welche ein gleichstarker Strom der Richtung $\mathfrak{a}$ im Punkte $\mathfrak{r}$ erzeugt.

Um die Greensche Dyade völlig festzulegen, muß man außer Gl. (14) noch das Verhalten der sie approximierenden Funktionen bei $\mathfrak{r} = \mathfrak{r}'$ angeben; man integriert am einfachsten Gl. (11) über die Kugel vom Radius η, wobei der erste Summand mittels des Gaußschen Satzes in ein Oberflächenintegral verwandelt werden kann:

$$\int_\eta d\mathfrak{o} \times \frac{1}{\mu} \operatorname{rot} \Gamma_\eta - \omega^2 \int_\eta d\tau\, \varepsilon\, \Gamma_\eta = I. \tag{15}$$

Hierdurch wird zum einen die Art der Singularität der Dyade Γ bei $\mathfrak{r} = \mathfrak{r}'$, zum zweiten ein Normierungsfaktor festgelegt. — Man kann Γ als die Dyadische Einheitsquelle des elektromagnetischen Feldes bezeichnen.

An Stelle von (8a) hätten wir auch von (8b) ausgehen können, dabei wären lediglich die Funktionen ε, μ und $\operatorname{rot} \frac{\mathfrak{j}}{\varepsilon}$ an die Stelle μ, ε und $i\,\omega\,\mathfrak{j}$ getreten. Wir hätten so für $\mathfrak{H}$ die Darstellung

$$\mathfrak{H}(\mathfrak{r}) \approx \int \Gamma_\eta^{(\mathrm{mg})}(\mathfrak{r}, \mathfrak{r}') \cdot \operatorname{rot}\left(\frac{\mathfrak{j}(\mathfrak{r}')}{\varepsilon(\mathfrak{r}')}\right) d\tau' \tag{16}$$

gewonnen, wobei die Folge der dyadischen Funktionen $\Gamma_\eta^{(\mathrm{mg})}$ den Gleichungen genügt

$$\left(\operatorname{rot} \frac{1}{\varepsilon} \operatorname{rot} - \omega^2 \mu\right) \Gamma_\eta^{(\mathrm{mg})}(\mathfrak{r}, \mathfrak{r}') = I\, \delta_\eta(\mathfrak{r}, \mathfrak{r}') \tag{17}$$

und für $\mathfrak{r} \neq \mathfrak{r}'$ gegen eine „magnetische" Greensche Dyade konvergiert, welche durch

$$\left(\operatorname{rot} \frac{1}{\varepsilon} \operatorname{rot} - \omega^2 \mu(\mathfrak{r})\right) \Gamma^{(\mathrm{mg})}(\mathfrak{r}, \mathfrak{r}') = 0 \tag{18}$$

und

$$\int d\mathfrak{o} \times \frac{1}{\varepsilon} \operatorname{rot} \Gamma_\eta^{(\mathrm{mg})} - \omega^2 \int \mu\, \Gamma_\eta^{(\mathrm{mg})}\, d\tau = I \tag{19}$$

festgelegt wird, und die „magnetische" Einheitsquelle des elektromagnetischen Feldes repräsentiert.

3. Elektrischer und magnetischer Dipol

Eine sehr kurze elektrische Dipolantenne, welche ganz innerhalb einer Kugel vom Radius η um den Punkt $\mathfrak{r}_0$ liegt stellt eine Stromverteilung dar, welche komplex durch

$$i\,\omega\,\mathfrak{j}(\mathfrak{r}) = \mathfrak{p}\, \delta_\eta(\mathfrak{r}, \mathfrak{r}_0) \tag{20}$$

gegeben ist. Dabei genügt die Funktion δ_η den Bedingungen (9), während der konstante Vektor

$$\mathfrak{p} = i\,\omega \int \mathfrak{j}(\mathfrak{r})\, d\tau = -\int \frac{\partial \mathfrak{j}}{\partial t}\, d\tau \tag{21}$$

das Dipolmoment der Antenne (Dimension: Amp cm/sec) ist. Das elektrische und magnetische Feld ist, wie Gl. (12) und (4b) lehrt, im lim $\eta \to 0$ gegeben durch

$$\boxed{\mathfrak{E}^{(el)} = \Gamma(\mathfrak{r}, \mathfrak{r}_0) \cdot \mathfrak{p}; \quad \mathfrak{H}^{(el)} = \frac{1}{i\omega\mu} \operatorname{rot} \Gamma(\mathfrak{r}, \mathfrak{r}_0) \cdot \mathfrak{p}}. \tag{22}$$

Die Stromverteilung einer Rahmenantenne, welche innerhalb einer kleinen Kugel vom Radius η liegt, hat die Gestalt

$$i\omega\mathfrak{j} = \operatorname{rot}\left(\frac{\mathfrak{m}}{\mu}\,\delta_\eta(\mathfrak{r}, \mathfrak{r}_0)\right) = \operatorname{grad}\frac{\delta_\eta(\mathfrak{r}, \mathfrak{r}_0)}{\mu} \times \mathfrak{m}, \tag{23}$$

worin wieder δ_η den Bedingungen (9) genügt, und der konstante Vektor

$$-\frac{1}{2}\int \mathfrak{r} \times \frac{\partial \mathfrak{j}}{\partial t}\,d\tau = -\int \frac{\delta_\eta(\mathfrak{r}, \mathfrak{r}_0)}{\mu(\mathfrak{r})}\left(\frac{\mathfrak{m}}{2} \times \nabla\right) \times \mathfrak{r}\,d\tau = \mathfrak{m}\int \frac{\delta_\eta}{\mu}\,d\tau \tag{24}$$

als das magnetische Dipolmoment der Antenne (Dimension: Amp cm²/sec) angesprochen werden kann. Für das elektrische Feld gilt nach (8a) die Schwingungsgleichung

$$\left(\operatorname{rot}\frac{1}{\mu}\operatorname{rot}\frac{1}{\varepsilon} - \omega^2\right)\varepsilon\,\mathfrak{E} = \operatorname{rot}\left(\frac{\mathfrak{m}}{\mu}\,\delta_\eta(\mathfrak{r}, \mathfrak{r}_0)\right). \tag{25}$$

Hieraus folgt zunächst, daß $\varepsilon\,\mathfrak{E}$ die Rotation einer anderen Funktion ist, welche wir mit $\mathfrak{K}$ bezeichnen wollen:

$$\varepsilon\,\mathfrak{E} = \operatorname{rot}\mathfrak{K}. \tag{26}$$

(25) wird gelöst, wenn $\mathfrak{K}$ der Gleichung genügt

$$\left(\operatorname{rot}\frac{1}{\varepsilon}\operatorname{rot} - \omega^2\mu\right)\mathfrak{K} = \mathfrak{m}\,\delta_\eta(\mathfrak{r}, \mathfrak{r}_0) \tag{27}$$

oder gemäß (17) gegeben ist durch

$$\mathfrak{K} = \Gamma_\eta^{(mg)}(\mathfrak{r}, \mathfrak{r}_0) \cdot \mathfrak{m}. \tag{28}$$

Das elektromagnetische Feld des magnetischen Dipols ergibt sich nach (26), (28) und (4b) zu

$$\boxed{\mathfrak{E}^{(mg)} = \frac{1}{\varepsilon}\operatorname{rot}\Gamma^{(mg)}(\mathfrak{r}, \mathfrak{r}_0) \cdot \mathfrak{m}; \quad \mathfrak{H}^{(mg)} = -i\omega\,\Gamma^{(mg)}(\mathfrak{r}, \mathfrak{r}_0) \cdot \mathfrak{m}}. \tag{29}$$

Elektrische Dipolantennen von endlicher Länge kann man als lineare Belegung von Dipolen mit dem Strahlungsfeld (22) ansehen, endlich ausgedehnte magnetische Rahmenantennen als Flächenbelegung mit magnetischen Dipolen vom Strahlungsfeld (29). Ganz allgemein kann man sich bei Betrachtung von Beugungsproblemen auf die Berechnung der Strahlung elektrischer und magnetischer Dipole beschränken oder, was dasselbe ist, auf die Berechnung der beiden Greenschen Dyaden Γ und $\Gamma^{(mg)}$.

4. Greensche Dyaden und Greensche Funktion des unendlichen homogenen Raumes

Für den homogenen Raum geht Gl. (11) über in

$$(\mathrm{rot\,rot} - k^2)\, \Gamma_\eta(\mathfrak{r}, \mathfrak{r}') = \mu\, I\, \delta_\eta(\mathfrak{r}, \mathfrak{r}'). \tag{30}$$

Dabei ist als Abkürzung die Wellenzahl

$$k = \omega \sqrt{\varepsilon \cdot \mu} \tag{31}$$

eingeführt worden. Aus (30) folgert man durch Divergenzbildung

$$\mathrm{div}\, \Gamma_\eta(\mathfrak{r}, \mathfrak{r}') = -\frac{\mu}{k^2} \nabla\, \delta_\eta(\mathfrak{r}, \mathfrak{r}'). \tag{32}$$

Damit kann man (30) wegen der Beziehung $\mathrm{rot\,rot} = \mathrm{grad\,div} - \Delta$ umformen in

$$(\Delta + k^2)\, \Gamma_\eta(\mathfrak{r}, \mathfrak{r}') = -\mu \left(I + \frac{\nabla \nabla}{k^2} \right) \delta_\eta(\mathfrak{r}, \mathfrak{r}'). \tag{33}$$

Der Differentialoperator der linken Seite ist ein Skalar, deswegen untersuchen wir zunächst die entsprechende skalare Gleichung

$$(\Delta + k^2)\, u(\mathfrak{r}) = -\varrho(\mathfrak{r}), \tag{34}$$

wo u eine skalare Funktion, ϱ eine skalare Dichteverteilung ist. (34) ist die inhomogene skalare Schwingungsgleichung, welche auch in der Akustik für den Fall des homogenen isotropen Raumes auftritt. Bezüglich der Existenz der Lösung sei wieder auf die Monographie von Claus Müller verwiesen. Der Eindeutigkeitssatz läßt sich folgern, indem man zwei Lösungen u_1 und u_2 zu verschiedenen Dichteverteilungen betrachtet, für welche nach (34) gilt:

$$\int (\varrho_1 u_2 - \varrho_2 u_1)\, d\tau = \int (u_1 \Delta u_2 - u_2 \Delta u_1)\, d\tau.$$

Legen wir zunächst ein endliches Raumgebiet zugrunde, so läßt sich die rechte Seite mittels des Gaußschen Integralsatzes umformen mit dem Ergebnis

$$\int (\varrho_1 u_2 - \varrho_2 u_1)\, d\tau = \int d\mathfrak{o} \cdot (u_1\, \mathrm{grad}\, u_2 - u_2\, \mathrm{grad}\, u_1). \tag{35}$$

Genügen die beiden Funktionen auf der Berandung derselben linear-homogenen Randbedingung

$$a(\mathfrak{r})\, u(\mathfrak{r}) + b(\mathfrak{r}) \frac{\partial u}{\partial n}(\mathfrak{r}) = 0, \tag{36}$$

worin $\frac{\partial}{\partial n}$ die Richtungsdifferentiation nach den Normalen der Oberfläche ist, dann verschwindet die rechte Seite von (35) und man erschließt sofort, daß für $\varrho_1 = 0$ die Funktion u_1 verschwinden muß, da ϱ_2 beliebige Funktionswerte annehmen kann; dies bedeutet aber, daß es keine zwei verschiedenen Lösungen zu derselben linearen homogenen Randbedingung (36) mit derselben Dichteverteilung geben kann.

Die Lösung von (34) kann man, genau wie wir es im Falle der elektromagnetischen Strahlung getan haben, auf die Strahlung englokalisierter Quellen zurückführen in der Gestalt

$$u(\mathfrak{r}) \approx \int G_\eta(\mathfrak{r}, \mathfrak{r}')\, \varrho(\mathfrak{r}')\, d\tau', \tag{37}$$

wenn die Funktion G der Gleichung genügt:

$$(\Delta + k^2)\, G_\eta(\mathfrak{r}, \mathfrak{r}') = -\,\delta_\eta(\mathfrak{r}, \mathfrak{r}'). \tag{38}$$

Führt man die Darstellung (37) für zwei zur selben Randbedingung (36) gehörige Funktionen u_1 und u_2 in (35) ein, so folgert man aus

$$\int d\tau \int d\tau'\, \varrho_1(\mathfrak{r}) \left(G_{\eta_1}(\mathfrak{r}, \mathfrak{r}') - G_{\eta_2}(\mathfrak{r}', \mathfrak{r})\right) \varrho_2(\mathfrak{r}') \approx 0,$$

daß abgesehen von dem singulären Punkt $\mathfrak{r} = \mathfrak{r}'$ im $\lim \eta_1 \to 0$, $\lim \eta_2 \to 0$ die beiden Funktionen G_η gegen dieselbe stetige Funktion konvergieren, welche man die Greensche Funktion $G(\mathfrak{r}, \mathfrak{r}')$ der Gl. (34) zu der gegebenen Randbedingung (36) nennt; für sie gilt das Reziprozitätstheorem in der Gestalt

$$G(\mathfrak{r}, \mathfrak{r}') = G(\mathfrak{r}', \mathfrak{r}). \tag{39}$$

Außerhalb des singulären Punktes genügt sie der homogenen Schwingungsgleichung

$$(\Delta + k^2)\, G(\mathfrak{r}, \mathfrak{r}') = 0 \quad \text{für} \quad \mathfrak{r} \neq \mathfrak{r}', \tag{40}$$

und das Verhalten im singulären Punkt wird festgelegt durch das Integral über (38):

$$\int_\eta d\mathfrak{o} \cdot \operatorname{grad} G_\eta(\mathfrak{r}, \mathfrak{r}') + k^2 \int_\eta G_\eta(\mathfrak{r}, \mathfrak{r}')\, d\tau = -1. \tag{41}$$

Die Bestimmung der Greenschen Funktion ist selbst im vereinfachten Falle des homogenen und isotropen Raumes, den wir diesem Abschnitt zugrunde gelegt haben, nur dann elementar durchführbar, wenn als räumlicher Bereich der gesamte unendliche Raum (oder der eben begrenzte Halbraum mit der Randbedingung $u = 0$ oder $\frac{\partial u}{\partial n} = 0$) zugrunde gelegt wird. Aus Gründen der Symmetrie kann dafür die Greensche Funktion G nur von dem Betrag des Abstandes $|\mathfrak{r} - \mathfrak{r}'|$ abhängen. Unter Einführung von Polarkoordinaten läßt sich dann (40) leicht lösen; die beiden unabhängigen Lösungen kann man schreiben als

$$G(\mathfrak{r}, \mathfrak{r}') = \frac{e^{ik|\mathfrak{r} - \mathfrak{r}'|}}{4\pi\, |\mathfrak{r} - \mathfrak{r}'|} \tag{42}$$

und das Konjugiertkomplexe dieses Ausdruckes. Berücksichtigt man die Zeitabhängigkeit der Wellenfunktionen, welche wir generell in der Gestalt $e^{-i\omega t}$ angesetzt haben, so sieht man, daß (42) eine vom Punkt $\mathfrak{r}'$ auslaufende Kugelwelle darstellt, während die konjugiertkomplexe

Funktion zu Lösungen führt, welche aus dem Unendlichen konzentrisch auf den Punkt $\mathfrak{r}'$ einlaufen und deswegen physikalisch uninteressant sind. Man wird sich daher beim Ansatz (37) auf die Greenschen Funktionen der Gestalt (42) beschränken; dies ist mathematisch gleichbedeutend mit der Sommerfeldschen Ausstrahlungsbedingung

$$\lim_{|\mathfrak{r}|\to\infty} (|\mathfrak{r}| \operatorname{grad} u - i\, k\, \mathfrak{r}\, u) = 0, \tag{43}$$

welche für den unendlichen Raum als Ersatz für die Randbedingung (36) gelten kann. Man erkennt nämlich leicht, daß sie ausreicht, um das Integral der rechten Seite von (35) beliebig klein zu machen, wenn die Integration über die Oberfläche einer hinreichend großen Fläche genommen wird. Hieraus kann man wie oben folgern, daß es zu gegebener Dichteverteilung nur eine Lösung u gibt, welche der Ausstrahlungsbedingung genügt. — Durch (40) und (43) ist G nur bis auf einen konstanten Faktor festgelegt. Wir zeigen noch, daß auch dieser Faktor richtig gewählt ist, um (41) zu erfüllen. Den Grenzübergang $\eta \to 0$ in dieser Gleichung kann man in folgenden zwei Schritten ausführen: Man hält zunächst als Integrationsgebiet eine sehr kleine Kugel vom Radius η_1 fest und geht im Integranden zu $\eta \to 0$ über, was auch im Raumintegral möglich ist, sofern man dies als uneigentliches Integral im Punkte $\mathfrak{r}'$ auffaßt, da dort (42) nur wie $\frac{1}{|\mathfrak{r}-\mathfrak{r}'|}$ unendlich wird. Läßt man als zweiten Schritt nun auch den Radius der Kugel gegen Null gehen, so verschwindet das Raumintegral und das Oberflächenintegral ergibt den Wert -1, wie in (41) gefordert.

Durch Vergleich von (33) und (38) folgt, daß

$$\Gamma_\eta(\mathfrak{r}, \mathfrak{r}') = \mu\left(I + \frac{\nabla\nabla}{k^2}\right) G_\eta(\mathfrak{r}, \mathfrak{r}'). \tag{44}$$

Für $\mathfrak{r} \neq \mathfrak{r}'$ kann man hierin auch zu $\lim \eta \to 0$ übergehen und erhält damit die Greensche Dyade

$$\Gamma(\mathfrak{r}, \mathfrak{r}') = \frac{\mu}{k^2} \operatorname{rot} \operatorname{rot} I\, G. \tag{45}$$

Für die magnetische Dyade folgt analog

$$\Gamma^{(\mathrm{mg})}(\mathfrak{r}, \mathfrak{r}') = \frac{\varepsilon}{k^2} \operatorname{rot} \operatorname{rot} I\, G. \tag{46}$$

Das singuläre Verhalten bei $\mathfrak{r} = \mathfrak{r}'$ ergibt sich hieraus zu

$$\lim_{\mathfrak{r}\to\mathfrak{r}'} \left\{|\mathfrak{r}-\mathfrak{r}'|^3\, \Gamma(\mathfrak{r}, \mathfrak{r}')\right\} = \frac{\mu}{4\pi k^2}\left(I - 3\frac{\mathfrak{r}}{r}\frac{\mathfrak{r}}{r}\right). \tag{47}$$

Dies ist nunmehr eine Bedingung für Γ selbst, welche an die Stelle von (15) gesetzt werden kann, und zwar auch für variables μ und beliebige Randbedingung, da das singuläre Verhalten in der höchsten Ordnung weder durch die vorgeschriebenen Randwerte noch durch ein veränderliches μ und ε abgeändert wird.

Die Formeln für den elektrischen und magnetischen Dipol im homogenen Raum gehen nach (45) und (46) über in

$$\mathfrak{E}^{(el)} = \frac{1}{\omega^2 \varepsilon} \operatorname{rot} \operatorname{rot} (\mathfrak{p} G); \qquad \mathfrak{H}^{(el)} = \frac{1}{i \omega} \operatorname{rot} (\mathfrak{p} G); \tag{48a}$$

$$\mathfrak{E}^{(mg)} = \operatorname{rot} (\mathfrak{m} G); \qquad \mathfrak{H}^{(mg)} = \frac{1}{i \omega \mu} \operatorname{rot} \operatorname{rot} (\mathfrak{m} G). \tag{48b}$$

$\mathfrak{H}^{(el)}$ sowie $\mathfrak{E}^{(mg)}$ sind tangentiell gerichtet (G hängt nur von $|\mathfrak{r} - \mathfrak{r}'|$ ab!).

Auch aus der Greenschen Funktion eines endlichen Bereichs ergibt sich mittels (45) oder (46) eine Dyade, welche durch Lösungen von (30) approximiert wird. Doch ist die Umrechnung der zugehörigen Randbedingungen nur in den beiden erwähnten einfachen Halbebenenfällen elementar möglich. Im allgemeinen ergibt sich keine Greensche Dyade, da $\mathfrak{E}_{||}$ nicht gleichgerichtet mit $\mathfrak{H}_{||}$ ist, wie dies jede homogene Randbedingung verlangt.

5. Randwertaufgabe der Beugungstheorie

Wir kehren nun zu der allgemeinen Aufgabe von Ziffer 1 zurück, die Lösung zu gegebener Stromverteilung $\mathfrak{j}$ zu finden, für welche die parallele Komponente von $\mathfrak{F}$ gemäß (6) vorgegebene Werte auf dem Rand annimmt. Zur Lösung dieser Aufgabe verhilft uns wiederum Gl. (7). Hierin wollen wir unter $\mathfrak{E}_1$ und $\mathfrak{H}_1$ die gesuchte Lösung verstehen, während $\mathfrak{E}_2$ und $\mathfrak{H}_2$ irgendeiner homogenen Randbedingung genügen und sich aus der zugehörigen Greenschen Dyade bzw. ihren Näherungsfunktionen gemäß (12) bestimmen sollen. Dann folgt aus (7)

$$\int d\tau \left\{ i \omega \int d\tau' \, \mathfrak{j}_1(\mathfrak{r}) \cdot \Gamma_{\eta 2}(\mathfrak{r}, \mathfrak{r}') \cdot \mathfrak{j}_2(\mathfrak{r}') - \mathfrak{j}_2 \cdot \mathfrak{E}_1 \right\}$$

$$\approx \int d\tau' \int d\mathfrak{o} \left(\frac{\mathfrak{E}_1^{(\mathfrak{r})} \times \operatorname{rot}' \Gamma_{\eta 2}(\mathfrak{r}, \mathfrak{r}') \cdot \mathfrak{j}_2(\mathfrak{r}')}{\mu(\mathfrak{r}')} + i \omega \, \mathfrak{H}_1(\mathfrak{r}) \times \Gamma_{\eta 2}(\mathfrak{r}, \mathfrak{r}') \cdot \mathfrak{j}_2(\mathfrak{r}') \right)$$

Da die Wahl von $\mathfrak{j}_2$ willkürlich und Γ_{η_2} von ihr unabhängig ist, folgt

$$i \omega \int d\tau \, \mathfrak{j}_1(\mathfrak{r}) \cdot \Gamma_{\eta 2}(\mathfrak{r}, \mathfrak{r}') - \mathfrak{E}_1(\mathfrak{r}') =$$

$$= \int d\mathfrak{o} \cdot \left(\mathfrak{E}_1(\mathfrak{r}) \times \frac{\operatorname{rot}' \Gamma_{\eta 2}(\mathfrak{r}, \mathfrak{r}')}{\mu(\mathfrak{r}')} + i \omega \, \mathfrak{H}_1(\mathfrak{r}) \times \Gamma_{\eta 2}(\mathfrak{r}, \mathfrak{r}') \right). \tag{49}$$

In dem Oberflächenintegral, welches über die Berandung des Raumgebietes zu nehmen ist, kann man den $\lim_{\eta \to 0}$ ausführen; in dem räumlichen Integral dagegen ist der Übergang zu $\eta \to 0$ wegen der Singularität (47) der Greenschen Dyade nur dann ohne weiteres möglich, wenn man einen Punkt betrachtet, an welchem die Stromdichte $\mathfrak{j}_1$ verschwindet. Da wir uns im gesamten vorliegenden Artikel nur für das

Feld in solchen Punkten interessieren werden[1], können wir den Limes unbedenklich vornehmen und erhalten dann aus (49) die folgende Bestimmungsgleichung

$$\mathfrak{E}(\mathfrak{r}) = i\,\omega \int d\tau'\, \Gamma(\mathfrak{r}, \mathfrak{r}') \cdot \mathfrak{j}(\mathfrak{r}') - \int d\mathfrak{o}' \cdot \Big(\mathfrak{E}(\mathfrak{r}') \times \frac{\operatorname{rot}' \Gamma(\mathfrak{r}, \mathfrak{r}')}{\mu(\mathfrak{r}')} + i\,\omega\, \mathfrak{H}(\mathfrak{r}') \times \overline{\Gamma}(\mathfrak{r}, \mathfrak{r}')\Big) \tag{50}$$

für den zu einer Stromverteilung $\mathfrak{j}$ gehörigen elektrischen Feldvektor $\mathfrak{E}$ aus seinen Randwerten mittels einer beliebigen Greenschen Dyade Γ. Beim Übergang von (49) zu (50) wurde die Integrationsvariable und der Radiusvektor des Aufpunktes umbenannt und weiter an Stelle von Γ_2 die transponierte Dyade mit vertauschten Argumenten eingeführt, welche nach der Reziprozitätsbeziehung (13a) zu der reziproken Randbedingung gehört. — Die Formel (50) ist praktisch noch nicht zur Lösung des Randwertproblems geeignet, da, wie wir aus Ziffer 1 wissen, die Randwerte von $\mathfrak{E}$ und $\mathfrak{H}$ nicht unabhängig vorgeschrieben werden können, sondern nur eine Linearkombination von ihnen.

Um dies in Evidenz zu setzen, benützt man die für die Greensche Dyade Γ gültige Randbedingung, welche die Gestalt hat

$$d\mathfrak{o} \times \left[e(\mathfrak{r})\, \Gamma(\mathfrak{r}, \mathfrak{r}') + h(\mathfrak{r}) \frac{\operatorname{rot} \Gamma(\mathfrak{r}, \mathfrak{r}')}{i\,\omega\,\mu(\mathfrak{r})}\right] = 0\,. \tag{51}$$

Aus dem Reziprozitätstheorem (13a) folgt

$$d\mathfrak{o}' \times \left[e(\mathfrak{r}')\, \overline{\Gamma}(\mathfrak{r}, \mathfrak{r}') - h(\mathfrak{r}') \frac{\operatorname{rot}' \overline{\Gamma}(\mathfrak{r}, \mathfrak{r}')}{i\,\omega\,\mu(\mathfrak{r}')}\right] = 0 \tag{52}$$

und hiermit wiederum läßt sich (50) umschreiben in

$$\begin{aligned} \mathfrak{E}(\mathfrak{r}) &= i\,\omega \int d\tau'\, \Gamma(\mathfrak{r}, \mathfrak{r}') \cdot \mathfrak{j}(\mathfrak{r}') - \\ &- \int d\mathfrak{o}' \cdot \big(e(\mathfrak{r}')\, \mathfrak{E}(\mathfrak{r}') + h(\mathfrak{r}')\, \mathfrak{H}(\mathfrak{r}')\big) \times \\ &\times \frac{1}{e^2 + h^2} \left[e(\mathfrak{r}') \frac{\operatorname{rot}' \overline{\Gamma}(\mathfrak{r}, \mathfrak{r}')}{\mu} + i\,\omega\, h(\mathfrak{r}')\, \overline{\Gamma}(\mathfrak{r}, \mathfrak{r}')\right]. \end{aligned} \tag{53}$$

Damit ist die Randwertaufgabe gelöst, d. h. die Feldstärke $\mathfrak{E}$ ausgedrückt durch die Stromverteilung und die Randwerte von $\mathfrak{F}_{||}$ aus Gl. (6) mit Hilfe der Greenschen Dyade, welche zu der zugehörigen homogenen Randbedingung (51) gehört.

---

[1] Man müßte sonst Γ_η unter dem Raumintegral mittels der Schwingungsgleichung durch δ_η und rot rot Γ_η ausdrücken und das Integral über den letzten Ausdruck durch partielle Integration in ein Oberflächenintegral sowie in ein Volumintegral über Rotation Γ_η verwandeln, welches als uneigentliches Integral am singulären Punkt konvergiert.

6. Stückweise homogenes Material, Grenzbedingungen

Praktisch interessiert gewöhnlich der Fall, daß in einem homogenen Raum homogene Körper mit abweichenden Materialkonstanten eingebettet sind. An den Begrenzungen dieser Körper erleiden damit ε und μ unstetige Veränderungen, so daß die bisherigen Untersuchungen, bei welchen stets stetige und differenzierbare Funktionen ε, μ vorausgesetzt waren, nicht mehr anwendbar sind. Man kann jedoch die unstetigen Funktionen ε, μ durch stetige approximieren und die Maxwellschen Gleichungen in der Umgebung der Grenze durch Integralbeziehungen ersetzen, welche auch im Limes unstetiger Funktionen bestehen bleiben Wir legen zu diesem Zweck eine Linie endlicher Länge auf die Trennfläche und errichten in ihr einen zur Grenzfläche senkrechten Flächenstreifen, welcher je ein sehr kleines konstantes Stück in jedem der beiden anstoßenden Räume hereinragt. Multipliziert man die Maxwellschen Gleichungen (4a), (4b) skalar mit einem Oberflächenelement dieses Streifens, und integriert über seine gesamte Fläche, so entsteht

$$\int d\mathfrak{o} \cdot \operatorname{rot} \mathfrak{H} = -i\,\omega \int d\mathfrak{o} \cdot \mathfrak{E} + \int d\mathfrak{o} \cdot \mathfrak{j}$$

$$\int d\mathfrak{o} \cdot \operatorname{rot} \mathfrak{E} = i\,\omega \int d\mathfrak{o} \cdot \mathfrak{H}.$$

Läßt man den Streifen sehr schmal werden, so verschwindet der erste Integrand der rechten Seite wegen der Endlichkeit von $\mathfrak{E}$ und $\mathfrak{H}$; das Integral über die Stromdichte ergibt den Flächenstrom, welchen wir als null ansehen können, wenn wir die Leitfähigkeit des Materials immer entsprechend Gl. (5) mit in die Dielektrizitätskonstante aufnehmen. Somit verschwinden die Integrale der linken Seite; sie lassen sich mittels des Stokesschen Satzes in ein Randintegral umwandeln, von welchem die Beiträge der sehr kurzen Seiten senkrecht zur Grenzfläche verschwinden, so daß als Ergebnis schließlich bleibt, daß das Linienintegral $\int d\mathfrak{s} \cdot \mathfrak{H}$ und $\int d\mathfrak{s} \cdot \mathfrak{E}$, genommen über einen Weg auf der Grenzfläche, in den beiden angrenzenden Medien denselben Wert besitzt, mit anderen Worten, daß

$$\mathfrak{E}_{||} \text{ stetig}; \quad \mathfrak{H}_{||} \text{ stetig} \tag{54}$$

ist. Man hat nunmehr in den einzelnen homogenen Teilräumen die Wellengleichung zu lösen unter der Bedingung, daß an den Grenzen nach (54) die Parallelkomponenten von $\mathfrak{E}$ und $\mathfrak{H}$ stetig ineinander übergehen.

Eine Vereinfachung ergibt sich, wenn der „beugende Körper" ein Metall ist und man mit einer sehr großen Leitfähigkeit (idealleitendes Metall) rechnen kann, d. h. also nach Gl. (5) $\hat{\varepsilon}$ sehr groß wird. Dies ist bei elektromagnetischen Wellen des Radio- oder Kurzwellenbereichs stets der Fall, nicht dagegen bei optischen oder ultraroten Wellenlängen. In dem unendlich gut leitenden Material muß wegen der Endlichkeit von $\mathfrak{H}$ nach (4a) und (3) $\mathfrak{E}$ verschwinden, und damit ergibt sich aus der ersten Grenzbedingung (54) die Randbedingung

$$\mathfrak{E}_{||} = 0 \tag{55}$$

für den Außenraum, durch welche, wie wir wissen, das Beugungsproblem bereits vollständig bestimmt ist.

7. Kantenbedingung

Die Grenzbedingungen (54) bzw. die Randbedingungen (55) lassen sich nur auf solche Stellen der Grenzflächen anwenden, in welchen die Tangentialebene eindeutig definiert ist. Sie versagen also dort, wo scharfe Kanten oder Spitzen vorhanden sind. Wie Bouwkamp [1941] und Meixner [1949] gezeigt haben, genügt es zur eindeutigen Festlegung des Beugungsproblems nicht, die Randbedingungen auf die stetig gekrümmten Teile beiderseits einer Kante anzuwenden, es ist vielmehr eine besondere Kantenbedingung nötig, welche von Meixner einfach so formuliert wurde, daß die Energiedichte in der Umgebung der Kante integrabel sein muß. Daß eine solche zusätzliche Bedingung benötigt wird, erscheint plausibel, wenn man versucht, eine Kante durch eine Folge stetig gekrümmter Flächen zu approximieren; die Bedingung, daß bei diesem Grenzübergang auf der stark gekrümmten Fläche, welche die Kante ersetzt, dauernd die Stetigkeit der tangentiellen Feldkomponenten erhalten bleiben muß, würde völlig verlorengehen, wenn man sich nach dem Grenzübergang lediglich auf die Stetigkeit der Tangentialkomponenten beiderseits der Kante beschränken wollte. Ohne die Kantenbedingung ist daher die Lösung des Beugungsproblems nicht eindeutig. Dagegen wird durch die Grenzbedingungen zusammen mit der Meixnerschen Kantenbedingung die Eindeutigkeit der Lösung garantiert, wie kurz gezeigt sei. Dazu betrachten wir die Lösung der Maxwellschen Gleichungen in einem Gebiete, welches begrenzt wird von einer Hüllfläche F_0, die überall eine Tangentialebene besitzen möge. Im Inneren des Gebietes befinde sich neben einer stetigen Ladungsverteilung die Grenzfläche F zwischen zwei verschiedenen Medien, auf welcher im allgemeinen die Tangentialebene definiert ist, ausgenommen eine endliche Zahl von Kanten. In Abb. 1 ist eine solche Kante eingezeichnet. Längs dieser Fläche sei nun sowohl die Grenzbedingung (54) wie auch die Kantenbedingung erfüllt. Die Kantenbedingung bedeutet, daß in der Umgebung der Kante das uneigentliche Integral sowohl über $\mathfrak{E}^2$ wie auch über $\mathfrak{H}^2$ existiert. Wir benützen nunmehr Gl. (7) für den Außen- wie für den Innenraum, nachdem wir die Kante mit einer sehr kleinen Umgebung ausgeschlossen haben, und zwar so, daß der Außenraum durch eine Fläche F_1 endlicher Krümmung begrenzt wird, welche überall außer der nächsten Umgebung der Kante mit F übereinstimmt. Analog wird der Innenraum durch eine modifizierte Fläche F_2 begrenzt. Gl. (7) liefert dann

$$\int d\tau\,(\mathfrak{j}_1 \cdot \mathfrak{E}_2 - \mathfrak{j}_2 \cdot \mathfrak{E}_2) = \int\limits_{F_0 + F_1 + F_2} d\mathfrak{o} \cdot (\mathfrak{E}_1 \times \mathfrak{H}_2 - \mathfrak{E}_2 \times \mathfrak{H}_1).$$

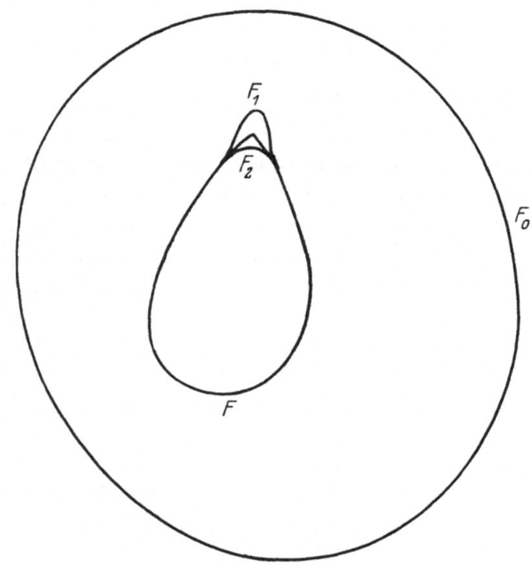

Abb. 1. Ausschluß einer Kante durch Flächen endlicher Krümmung

Das Oberflächenintegral über die äußere Hüllfläche verschwindet wie in Ziffer 1. Die Integrale über die gemeinsamen Teile der Fläche F_1 und F_2 kompensieren sich wegen der Grenzbedingung (54), da die Flächennormalen entgegengesetzt orientiert sind. Die noch verbleibenden Integrale über die voneinander abweichenden Teile von F_1 und F_2 werden beliebig klein, wenn nur diese Flächenstücke hinreichend schmal gewählt werden; dies folgt ohne weiteres aus der Kantenbedingung, welche ja dafür sorgt, daß bereits das uneigentliche Raumintegral über $\mathfrak{E}^2$ und $\mathfrak{H}^2$ beliebig klein wird, wenn das Integrationsgebiet eine hinreichend kleine Umgebung der Kante ist. Die gesamte rechte Seite der letzten Gleichung verschwindet also im Limes, und daraus kann wie in Ziffer 1 die Eindeutigkeit der Lösung erschlossen werden. Jedoch ist damit genau so wenig wie früher von uns die Existenz der Lösung nachgewiesen, ebenso wenig aber auch gezeigt worden, daß bei einer Approximation der Kante durch eine Oberfläche endlicher Krümmung die Kantenbedingung erfüllt wird; doch ist klar, daß eine Lösung, welche die Kantenbedingung verletzt, physikalisch nicht interessieren kann. — Im Falle eines idealleitenden Objekts ist der skizzierte Beweisgang etwas zu modifizieren: man wendet dann Gl. (7) nur auf den Außenraum an, von welchem man die Kante durch die Fläche F_1 abgetrennt hat. Das Verschwinden der Oberflächenintegrale wird dann durch die Randbedingung (55) zusammen mit der Kantenbedingung gewährleistet.

8. Zylinderprobleme

Bei Problemen von vollkommener Zylindersymmetrie gelingt die Zurückführung des elektromagnetischen auf das skalare Beugungsproblem. Wir haben dabei vorauszusetzen, daß sowohl die Materialkonstanten ε, μ wie auch die Feldgrößen von einer kartesischen Koordinatenrichtung, welche wir z nennen wollen, unabhängig sind. Diese Achsenrichtung des Zylinderproblems sei durch den Einheitsvektor $\mathfrak{e}$ charakterisiert. Zerlegt man nun die Stromverteilung in zwei Anteile parallel und senkrecht zu $\mathfrak{e}$

$$\mathfrak{j} = \mathfrak{j}_1 + \mathfrak{j}_2; \quad \mathfrak{j}_1 \perp \mathfrak{e}; \quad \mathfrak{j}_2 \parallel \mathfrak{e}, \tag{56}$$

so kann man das Beugungsproblem durch den folgenden Ansatz lösen:

$$\mathfrak{E} = \mathfrak{E}_1 + \mathfrak{E}_2; \quad \mathfrak{H} = \mathfrak{H}_1 + \mathfrak{H}_2 \tag{57}$$

mit

$$\mathfrak{E}_1 = \frac{\mathfrak{j}_1 - \operatorname{rot} \mathfrak{H}_1}{i\,\omega\,\varepsilon}; \qquad \mathfrak{H}_1 = \mathfrak{e}\,u \tag{57a}$$

$$\mathfrak{E}_2 = \mathfrak{e}\,v; \qquad \mathfrak{H}_2 = \frac{1}{i\,\omega\,\mu} \operatorname{rot} \mathfrak{E}_2 . \tag{57b}$$

$\mathfrak{E}_1$, $\mathfrak{H}_1$ ist durch das $\mathfrak{j}_1$ erzeugte Strahlungsfeld, welches nach (8b) der Gleichung genügen muß

$$\left(\operatorname{rot} \frac{1}{\varepsilon} \operatorname{rot} - \omega^2 \mu\right) \mathfrak{H}_1 = \operatorname{rot} \left(\frac{\mathfrak{j}_1}{\varepsilon}\right), \tag{58a}$$

während das durch $\mathfrak{j}_2$ erzeugte Feld nach (8a) die Bedingung

$$\left(\operatorname{rot} \frac{1}{\mu} \operatorname{rot} - \omega^2 \varepsilon\right) \mathfrak{E}_2 = i\,\omega\,\mathfrak{j}_2 \tag{58b}$$

befriedigen muß. Führt man darin den Ansatz (57a) bzw. (57b) ein, so kann man benützen, daß wegen der Unabhängigkeit aller Funktionen von der z-Koordinate

$$\operatorname{rot} \frac{1}{\varepsilon} \operatorname{rot} \mathfrak{e}\,u = \nabla \frac{1}{\varepsilon} \times (\nabla \times \mathfrak{e})\,u = -\,\mathfrak{e}\,\nabla \frac{1}{\varepsilon} \cdot \nabla u$$

$$\left(\operatorname{rot} \frac{1}{\mu} \operatorname{rot} \mathfrak{e}\,v\right) = -\,\mathfrak{e}\,\nabla \frac{1}{\mu} \cdot \nabla v$$

und außerdem

$$\operatorname{rot}\left(\frac{\mathfrak{j}_1}{\varepsilon}\right) = \mathfrak{e}\,\mathfrak{e}\cdot\operatorname{rot}\left(\frac{\mathfrak{j}_1}{\varepsilon}\right);\quad \mathfrak{j}_2 = \mathfrak{e}\,\mathfrak{e}\cdot\mathfrak{j}_2;\quad [\mathfrak{j}_1 \perp \mathfrak{e}!]$$

und erhält dadurch die beiden skalaren Gleichungen:

$$\operatorname{div}\frac{1}{\varepsilon}\operatorname{grad} u + \omega^2\mu\, u = -\,\mathfrak{e}\cdot\operatorname{rot}\left(\frac{\mathfrak{j}_1}{\varepsilon}\right); \tag{59a}$$

$$\operatorname{div}\frac{1}{\mu}\operatorname{grad} v + \omega^2\varepsilon\, v = -\,i\,\omega\,\mathfrak{e}\cdot\mathfrak{j}_2. \tag{59b}$$

Damit ist das zylindersymmetrische Beugungsproblem auf zwei skalare Beugungsprobleme zurückgeführt, wobei noch sehr wesentlich ist, daß auch die Randwerte $\mathfrak{E}_{||}$ und $\mathfrak{H}_{||}$ sich in einfacher Weise durch u und v ausdrücken. Es ist nämlich, wenn man auf der Rand- oder Grenzfläche das Verschwinden der Stromdichte voraussetzt

$$\mathfrak{H}_{1||} = \mathfrak{e}\,u;\quad \mathfrak{E}_{1||} = -\frac{1}{i\,\omega\,\varepsilon}\,\mathfrak{n}\times\mathfrak{e}\,\frac{\partial u}{\partial n}. \tag{60a}$$

Hierin ist $\frac{\partial}{\partial n}$ die Ableitung nach der Normalenrichtung, $\mathfrak{n}$ der Einheitsvektor dieser Richtung. Für den zweiten Anteil der Lösung erhält man analog aus (57b)

$$\mathfrak{E}_{2||} = \mathfrak{e}\,v;\quad \mathfrak{H}_{2||} = \frac{1}{i\,\omega\,\mu}(\operatorname{grad} v\times\mathfrak{e})_{||} = \frac{\mathfrak{n}\times\mathfrak{e}}{i\,\omega\,\mu}\frac{\partial v}{\partial n}. \tag{60b}$$

Die Grenzbedingungen an der Trennfläche zweier homogener Medien ergeben sich hieraus zu

$$u,\ \frac{1}{\varepsilon}\frac{\partial u}{\partial n}\ \text{stetig}, \tag{61a}$$

$$v,\ \frac{1}{\mu}\frac{\partial v}{\partial u}\ \text{stetig}. \tag{61b}$$

Die Randbedingung an der Oberfläche eines idealleitenden Körpers wird

$$\frac{\partial u}{\partial n} = 0;\quad v = 0. \tag{62}$$

9. Debyesche Potentiale

Das elektromagnetische Beugungsproblem läßt sich grundsätzlich stets auf zwei skalare Funktionen zurückführen. Dies folgt einfach daraus, daß sich das ganze Feld durch $\mathfrak{B} = \mu\,\mathfrak{H}$ nach Gl. (8b) bestimmen läßt, und daß zwischen den drei Komponenten dieses Feldvektors die Bedingung $\operatorname{div}\mathfrak{B} = 0$ besteht. Von praktischem Nutzen ist die Zurückführung auf zwei skalare Funktionen nur dann, wenn dafür zwei getrennte skalare Schwingungsgleichungen aufgestellt werden können, und wenn sich überdies die Grenz- oder Randbedingungen in einfacher Weise mittels der skalaren Funktionen formulieren lassen.

Nur im homogenen Raum ist es, und zwar in verschiedenerlei Weise, möglich, das Beugungsproblem durch zwei getrennte skalare Gleichungen zu formulieren, welchen man dann stets die Gestalt der skalaren Schwingungsgleichung (34) geben kann. Nur in wenigen Ausnahmefällen aber ist eine einfache Formulierung der Rand- und Grenzbedingungen durch die skalaren Funktionen möglich; dies ist außer dem in Abschn. 8 behandelten Zylinderfall die Beugung an der Kugel (siehe Ziffer 17ff.) und (bereits erheblich komplizierter) an der Kreisscheibe [Meixner 1948], wenn als skalare Funktionen die sogenannten Debyeschen Potentiale eingeführt werden. Jedes beliebige Vektorfeld $\mathfrak{j}$ läßt sich in folgender Weise auf drei skalare Felder $\varrho_0, \varrho_1, \varrho_2$ zurückführen:

$$\mathfrak{j} = \operatorname{grad} \varrho_0 + \operatorname{rot} (\mathfrak{r} \times \operatorname{grad} \varrho_1) + \mathfrak{r} \times \operatorname{grad} \varrho_2 . \tag{63}$$

Der erste Summand ist der wirbelfreie Anteil des Feldes, die beiden anderen der divergenzfreie; $\mathfrak{r}$ ist der Radiusvektor von irgendeinem ausgezeichneten Punkte aus (welcher beim Kugelproblem in den Kugelmittelpunkt gelegt wird). Daß man jedes divergenzfreie Feld in Gestalt der letzten beiden Summanden schreiben kann, kann man auf dem Wege über die Multipolentwicklung des Feldes zeigen [Franz 1950]. Wie man unmittelbar verifizieren kann, werden die Maxwellschen Gleichungen erfüllt durch den Ansatz

$$\mathfrak{E} = \frac{\mathfrak{j} - \mathfrak{r} \times \operatorname{grad} \varrho_2}{i\,\omega\,\varepsilon} - \frac{1}{i\,\omega\,\varepsilon} \operatorname{rot} (\mathfrak{r} \times \operatorname{grad} \Pi_1) + \mathfrak{r} \times \operatorname{grad} \Pi_2 \tag{64a}$$

$$\mathfrak{H} = \mathfrak{r} \times \operatorname{grad} \Pi_1 + \frac{1}{i\,\omega\,\mu} \operatorname{rot} (\mathfrak{r} \times \operatorname{grad} \Pi_2), \tag{64b}$$

wenn die beiden skalaren Funktionen Π_1 und Π_2 den Schwingungsgleichungen genügen:

$$\Delta \Pi_1 + k^2 \Pi_1 = \Delta \varrho_1 \tag{65a}$$

$$\Delta \Pi_2 + k^2 \Pi_2 = - i\,\omega\,\mu\,\varrho_2 . \tag{65b}$$

Man gelangt zu diesen Gleichungen, wenn man (64) in die Maxwell-Gleichungen (4) einsetzt und von der Identität $\operatorname{rot}\operatorname{rot}\operatorname{rot} = -\operatorname{rot} \Delta$ Gebrauch macht. — Die beiden für die Gln. (64) und (65) benötigten Größen $\Delta \varrho_1$ und ϱ_2 erhält man aus der vorgegebenen Stromverteilung $\mathfrak{j}$, indem man mittels (63) einmal $\mathfrak{r} \cdot \operatorname{rot}\operatorname{rot} \mathfrak{j}$ und zum andern $\mathfrak{r} \cdot \operatorname{rot} \mathfrak{j}$ bildet. Dabei verschwindet auf der rechten Seite in jedem Fall der erste Summand, und jeweils einer der beiden anderen; man erhält nach einfacher Umformung

$$(\mathfrak{r} \times \nabla)^2 \Delta \varrho_1 = - \mathfrak{r} \cdot \operatorname{rot}\operatorname{rot} \mathfrak{j}; \tag{66a}$$

$$(\mathfrak{r} \times \nabla)^2 \varrho_2 = \mathfrak{r} \cdot \operatorname{rot} \mathfrak{j} . \tag{66b}$$

Der Differentialoperator $(\mathfrak{r} \times \nabla)^2$ ist der Operator der Kugelflächenfunktionsgleichung. — Für jede Kugelflächenfunktion l-ter Ordnung Y_l gilt

$$(\mathfrak{r} \times \nabla)^2 \, Y_l = - l \, (l + 1) \, Y_l \, .$$

Man kann daher (66a) und (66b) dadurch lösen, daß man die rechten Seiten nach Kugelflächenfunktionen entwickelt (wobei wegen der Operation $\mathfrak{r} \cdot \operatorname{rot}$, wie man sich leicht überlegt, kein Glied $l = 0$ auftreten kann) und dann jede einzelne Kugelflächenfunktion durch $- l \, (l + 1)$ dividiert. — Mittels der beiden Debyeschen Potentiale wird das elektromagnetische Feld — abgesehen von dem Stromanteil der elektrischen Feldstärke, welcher verschwindet, wenn man eine von Strömen freie Kugelschale betrachtet — in elektrische und magnetische Multipolstrahlung bezüglich des gewählten Anfangspunktes aufgespalten; der elektrische Multipolanteil, bestimmt durch Π_1, besitzt eine zum Radiusvektor senkrechte magnetische Feldstärke, und umgekehrt der magnetische Multipolanteil, gegeben durch Π_2, eine zum Radiusvektor senkrechte elektrische Feldstärke. Die Aufgliederung des Strahlungsfeldes in Dipol-, Quadrupol- . . . 2^l-Polstrahlung erhält man, indem man die Debyeschen Potentiale nach Kugelfunktionen 1., 2., . . . l. Ordnung entwickelt. Näheres hierüber siehe etwa bei Blatt und Weisskopf [1952].

Die Grenz- bzw. Randbedingungen werden nur dann einfach, wenn eine Kugel um den Nullpunkt als Grenzfläche vorliegt. Da in Gl. (64) im ersten Summanden von $\mathfrak{H}$ und im letzten von $\mathfrak{E}$ das Debyesche Potential nur in tangentieller Richtung differenziert wird, bedeutet die Stetigkeit der tangentiellen Komponenten, daß Π_1 und Π_2 selbst stetig sein müssen (abgesehen von uninteressanten additiven Konstanten). Die Tangentialkomponente des jeweils zweiten Summanden von (64) enthält Ausdrücke der Gestalt

$$\operatorname{rot}_{tg} (\mathfrak{r} \times \operatorname{grad} \Pi) = - \frac{\mathfrak{r}}{r} \times \left\{ \frac{\mathfrak{r}}{r} \times [\nabla \times (\mathfrak{r} \times \nabla)] \right\} \Pi \, .$$

Hierin werten wir die geschweifte Klammer nach dem Entwicklungssatz für das dreifache Vektorprodukt aus:

$$\mathfrak{r} \times [\nabla \times (\mathfrak{r} \times \nabla)] = \nabla \, \mathfrak{r} \cdot \mathfrak{r} \times \nabla - \mathfrak{r} \times \nabla - \mathfrak{r} \cdot \nabla \, \mathfrak{r} \times \nabla \, .$$

Beachtet man, daß $\mathfrak{r} \cdot \mathfrak{r} \times \nabla = 0$ ist, dann erhält man wegen $\mathfrak{r} \cdot \nabla = r \frac{\partial}{\partial r}$

$$\operatorname{rot}_{tg} (\mathfrak{r} \times \operatorname{grad} \Pi) = \frac{\mathfrak{r}}{r^2} \times (\mathfrak{r} \times \nabla) \frac{\partial}{\partial r} (r \, \Pi) \, .$$

Da hierin $\frac{\partial}{\partial r} (r \, \Pi)$ nur mehr tangentiell differenziert wird, ist die Stetigkeit von $\frac{1}{\varepsilon} \frac{\partial}{\partial r} (r \, \Pi_1)$ und $\frac{1}{\mu} \frac{\partial}{\partial r} (r \, \Pi_2)$ zu fordern. Insgesamt ergeben sich somit als Grenzbedingungen für eine Kugelfläche

$$\Pi_1, \Pi_2, \frac{1}{\varepsilon} \frac{\partial}{\partial r} (r\Pi_1), \frac{1}{\mu} \frac{\partial}{\partial r} (r \Pi_2) \text{ stetig.} \tag{67}$$

Als Randbedingung an einer idealleitenden Kugelfläche hat man nach (64a)

$$\frac{\partial}{\partial r} (r \Pi_1) = 0; \qquad \Pi_2 = 0. \tag{68}$$

Trotz dieses einfachen Zusammenhangs zwischen den skalaren und den elektromagnetischen Randbedingungen ist damit noch kein einfacher Zusammenhang zwischen den Greenschen Dyaden des elektromagnetischen Problems und den Greenschen Funktionen des skalaren Problems (65) hergestellt, da zwischen den skalaren Dichten und dem vektoriellen Strom der verhältnismäßig komplizierte Zusammenhang (66) besteht. Man geht deshalb zur praktischen Durchrechnung des Beugungsproblems bzw. zur Bestimmung der Greenschen Dyaden nicht von der Aufspaltung (63) des Stromes aus, sondern benützt (65) für den stromfreien Teil des Raumes und charakterisiert eine punktförmige Strahlungsquelle lediglich dadurch, daß ihre Singularität von derselben Art ist wie für den Fall des unbegrenzten Raumes gemäß Ziff. 4.

10. Integralgleichungen der Beugungstheorie

Gewöhnlich behandelt die Beugungstheorie den Fall eines homogenen beugenden Körpers im homogenen unendlichen Raum. Hierfür lassen sich auch Integralgleichungen angeben, welche für die Oberfläche des beugenden Körpers gelten [Maue 1949]. Um sie abzuleiten, betrachten wir zunächst (s. Abb. 2) eine geschlossene Fläche F im unendlichen leeren Raum und nehmen an, daß sowohl außerhalb der Fläche eine gewisse Stromverteilung $\mathfrak{j}_a$ wie auch innerhalb eine Stromverteilung $\mathfrak{j}_i$ herrscht, wobei die Fläche selbst in endlichem Abstand von allen Stromdichten bleibe. Wir können dann jedenfalls in den stromfreien Gebieten des Raumes das elektrische Feld in verschiedener Weise durch die Greensche Dyade (45) des leeren Raumes darstellen: einmal nach (12) durch die Stromdichten $\mathfrak{j}_a$ im Außenraum und $\mathfrak{j}_i$ im Innenraum

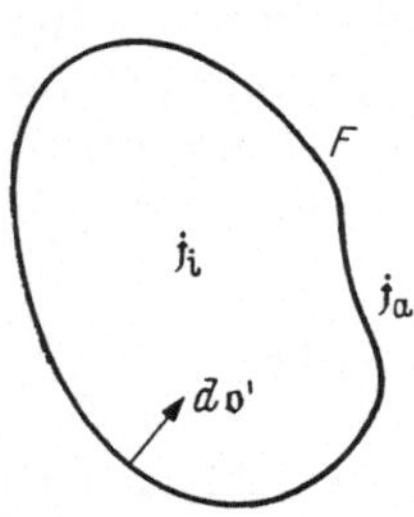

Abb. 2. Geschlossene Fläche F mit inneren und äußeren Stromverteilungen $\mathfrak{j}_i$ und $\mathfrak{j}_a$

$$\mathfrak{E}(\mathfrak{r}) = i\,\omega \int \Gamma_0 (\mathfrak{r}, \mathfrak{r}') \cdot \big(\mathfrak{j}_a(\mathfrak{r}') + \mathfrak{j}_i(\mathfrak{r}')\big)\, d\tau'; \tag{69}$$

zum zweiten können wir nach (50) für Außenraum und Innenraum zwei getrennte Darstellungen gewinnen:

$$\mathfrak{E}(\mathfrak{r}) = i\,\omega \int \Gamma_0(\mathfrak{r},\mathfrak{r}')\cdot \mathfrak{j}_a(\mathfrak{r}')\,d\tau' - \int d\mathfrak{o}'\cdot\Big(\mathfrak{E}(\mathfrak{r}') \times \frac{\mathrm{rot}'\,\bar{\Gamma}_0(\mathfrak{r},\mathfrak{r}')}{\mu} + i\,\omega\,\mathfrak{H}(\mathfrak{r}') \times \bar{\Gamma}_0(\mathfrak{r},\mathfrak{r}')\Big) \quad \text{für } \mathfrak{r} \text{ außen;} \tag{69a}$$

$$\mathfrak{E}(\mathfrak{r}) = i\,\omega \int \Gamma_0(\mathfrak{r},\mathfrak{r}')\cdot \mathfrak{j}_i(\mathfrak{r}')\,d\tau' + \int d\mathfrak{o}\cdot\mathfrak{E}(\mathfrak{r}') \times \mathrm{rot}'\,\bar{\Gamma}_0(\mathfrak{r},\mathfrak{r}') + i\,\omega\,\mathfrak{H}(\mathfrak{r}') \times \Gamma_0(\mathfrak{r},\mathfrak{r}') \quad \text{für } \mathfrak{r} \text{ innen.} \tag{69b}$$

In (69b) erscheint das Oberflächenintegral mit geänderten Vorzeichen, da wir entsprechend Abb. 1 unter $d\mathfrak{o}'$ stets das ins beugende Objekt gerichtete Oberflächenelement verstehen, in Formel (50) jedoch $d\mathfrak{o}'$ aus dem jeweiligen räumlichen Integrationsgebiet hinauszuweisen hatte. Bevor wir die Diskussion weiterführen, formen wir die Oberflächenintegrale mit Hilfe der expliziten Darstellung der Greenschen Dyade Γ_0 nach Gl. (45) und (42) um. Da G nur von $|\mathfrak{r}-\mathfrak{r}'|$ abhängt, ist

$$\Gamma_0(\mathfrak{r},\mathfrak{r}') = \bar{\Gamma}_0(\mathfrak{r},\mathfrak{r}') = \frac{\mu}{k^2}\,\mathrm{rot}\,\mathrm{rot}\,(I\,G_0(\mathfrak{r},\mathfrak{r}')) = \frac{\mu}{k^2}\,\mathrm{rot}'\,\mathrm{rot}'\,I\,G_0(\mathfrak{r},\mathfrak{r}') = -\frac{\mu}{k^2}\,\mathrm{rot}'\,\mathrm{rot}\,(I\,G_0(\mathfrak{r},\mathfrak{r}')) \tag{70}$$

und man kann (69a), (69b) mit Hilfe der Schwingungsgleichung (40) ersetzen durch

$$\mathfrak{E}(\mathfrak{r}) = i\,\omega \int \Gamma_0(\mathfrak{r},\mathfrak{r}')\cdot \mathfrak{j}_a(\mathfrak{r}')\,d\tau' - \mathrm{rot}\int d\mathfrak{o}' \times \mathfrak{E}(\mathfrak{r}')\,G_0(\mathfrak{r},\mathfrak{r}') + \frac{\mathrm{rot}\,\mathrm{rot}}{i\,\omega\,\varepsilon}\int d\mathfrak{o}' \times \mathfrak{H}(\mathfrak{r}')\,G_0(\mathfrak{r},\mathfrak{r}') \quad \text{für } \mathfrak{r} \text{ außen;} \tag{71a}$$

$$\mathfrak{E}(\mathfrak{r}) = i\,\omega \int \Gamma_0(\mathfrak{r},\mathfrak{r}')\cdot \mathfrak{j}_i(\mathfrak{r}')\,d\tau' + \mathrm{rot}\int d\mathfrak{o}' \times \mathfrak{E}(\mathfrak{r}')\,G_0(\mathfrak{r},\mathfrak{r}') - \frac{\mathrm{rot}\,\mathrm{rot}}{i\,\omega\,\varepsilon}\int d\mathfrak{o}' \times \mathfrak{H}(\mathfrak{r}')\,G_0(\mathfrak{r},\mathfrak{r}') \quad \text{für } \mathfrak{r} \text{ innen.} \tag{71b}$$

Das letzte Integral kann man dadurch umformen, daß man benützt: $\mathrm{rot}\,\mathrm{rot} = \mathrm{grad}\,\mathrm{div} - \Delta$; $\Delta G_0 = -k^2 G_0$. Man erhält dann

$$\mathrm{rot}\,\mathrm{rot}\int d\mathfrak{o}' \times \mathfrak{H}(\mathfrak{r}')\,G_0(\mathfrak{r},\mathfrak{r}') = k^2\int d\mathfrak{o}' \times \mathfrak{H}\,G_0 - \mathrm{grad}\int d\mathfrak{o}' \times \mathfrak{H}\cdot\mathrm{grad}'\,G_0.$$

Da die Fläche F geschlossen ist, gilt nach dem Stokesschen Satz

$$0 = \int d\mathfrak{o}'\cdot\mathrm{rot}'\,(\mathfrak{H}\,G_0) = -\int d\mathfrak{o}' \times \mathfrak{H}\cdot\mathrm{grad}'\,G_0 + \int G_0\,d\mathfrak{o}'\cdot\nabla' \times \mathfrak{H}.$$

Dies bedeutet

$$\mathrm{rot}\,\mathrm{rot}\int d\mathfrak{o}' \times \mathfrak{H}\,G_0 = k^2\int d\mathfrak{o}' \times \mathfrak{H}\,G_0 - \mathrm{grad}\int G_0\,d\mathfrak{o}'\cdot\nabla' \times \mathfrak{H}.$$

Führt man dies in (71a, b) ein und ersetzt die verbleibenden Differentiationen ∇G_0 durch $-\nabla' G_0$, so folgt

$$\mathfrak{E}(\mathfrak{r}) = i\,\omega \int \Gamma_0(\mathfrak{r},\mathfrak{r}') \cdot \mathfrak{j}_a(\mathfrak{r}')\,d\tau' - \int [d\mathfrak{o}' \times \mathfrak{E}(\mathfrak{r}')] \times \operatorname{grad}' G_0(\mathfrak{r},\mathfrak{r}') \quad (72\text{a})$$
$$- i\,\omega\,\mu \int d\mathfrak{o}' \times \mathfrak{H}(\mathfrak{r}')\,G_0(\mathfrak{r},\mathfrak{r}') + \frac{1}{i\,\omega\,\varepsilon} \int \operatorname{grad}' G_0(\mathfrak{r},\mathfrak{r}')\,d\mathfrak{o}' \cdot \nabla' \times \mathfrak{H}(\mathfrak{r}')$$

für $\mathfrak{r}$ außen;

$$\mathfrak{E}(\mathfrak{r}) = i\,\omega \int \Gamma_0(\mathfrak{r},\mathfrak{r}') \cdot \mathfrak{j}_i(\mathfrak{r}')\,d\tau' + \int [d\mathfrak{o}' \times \mathfrak{E}(\mathfrak{r}')] \times \operatorname{grad}' G_0(\mathfrak{r},\mathfrak{r}') \quad (72\text{b})$$
$$+ i\,\omega\,\mu \int d\mathfrak{o}' \times \mathfrak{H}(\mathfrak{r}')\,G_0(\mathfrak{r},\mathfrak{r}') - \frac{1}{i\,\omega\,\varepsilon} \int \operatorname{grad}' G_0(\mathfrak{r},\mathfrak{r}')\,d\mathfrak{o}' \cdot \nabla' \times \mathfrak{H}(\mathfrak{r}')$$

für $\mathfrak{r}$ innen.

Wir wollen nun versuchen, aus Gl. (72a, b) auf die Verhältnisse in der Fläche F selbst zu schließen. Dazu müssen wir das Verhalten der Oberflächenintegrale beim Durchgang durch die Fläche untersuchen. Für einen auf F gelegenen Aufpunkt $\mathfrak{r}$ wird $G_0(\mathfrak{r},\mathfrak{r}')$ singulär wie $1/|\mathfrak{r}'-\mathfrak{r}|$; daher existiert $\int d\mathfrak{o}' \times \mathfrak{H}\,G_0$ als uneigentliches Integral, und ist überdies gleich dem Grenzwert, welchen man bei Annäherung von $\mathfrak{r}$ gegen F erhält. Dies gilt nicht für die beiden Integrale der Gestalt $\int d\mathfrak{o}'\,F(\mathfrak{r}')\operatorname{grad} G_0$; sie existieren für $\mathfrak{r}$ auf F nur mehr bedingt — nur wenn man den singulären Punkt durch einen Kreis (oder eine andere zentralsymmetrische Figur) ausschließt, erhält man im Limes Kreisradius $\to 0$ einen endlichen Grenzwert. $\operatorname{grad} G_0$ ist nämlich singulär wie $(\mathfrak{r}'-\mathfrak{r})/|\mathfrak{r}'-\mathfrak{r}|^3$; liegt $\mathfrak{r}$ wie $\mathfrak{r}'$ auf F, so hat man davon nur tangentielle Komponenten, und bei der Integration über die Winkelkoordinate eines Kreisringes fällt das Glied der Ordnung $1/|\mathfrak{r}-\mathfrak{r}'|^2$ weg, so daß das uneigentliche Integral existiert. Doch ist es keineswegs gleich den Grenzwerten, welche man erhält, wenn sich $\mathfrak{r}$ von außen der Fläche F annähert. Dabei tritt nämlich auch die Normalkomponente von $\operatorname{grad} G_0$ auf, und dies führt zu einem Beitrag höchster Ordnung aus der Umgebung der Singularität von der folgenden Gestalt:

$$\int d\mathfrak{o}'\,F(\mathfrak{r}')\operatorname{grad} G_0(\mathfrak{r},\mathfrak{r}') \to F(0)\,\frac{z}{4\pi}\int_0^{2\pi} d\varphi \int_0^{A} d\varrho\,\varrho \cdot \frac{1}{(\varrho^2+z^2)^{3/2}}\,.$$

Dabei haben wir im singulären Punkt $\mathfrak{r}'=\mathfrak{r}$ Zylinderkoordinaten eingeführt, mit der z-Achse in Richtung der Normalen. Nimmt man $r=\sqrt{\varrho^2+z^2}$ als Integrationsvariable, so ergibt sich als Grenzwert

$$\lim_{z\to 0}\frac{1}{2}F(0)\;z\left(\frac{1}{|z|}-\frac{1}{A}\right)=\frac{F(0)}{2}\,\frac{z}{|z|}\,.$$

Dies ist für positive und negative z-Werte entgegengesetzt, während wir das bedingte Integral für $z=0$ ohne diesen Beitrag ansetzen. Wir ersehen daraus, daß die Oberflächenintegrale bei F unstetig, daß aber die bedingten Integrale das arithmetische Mittel aus den beiderseitigen Grenzwerten sind.

Mit Hilfe dieses Satzes kann man aus (72a) und (72b) eine Gleichung gewinnen, welche für einen auf F gelegenen Aufpunkt $\mathfrak{r}$ gilt. Zu diesem Zweck bilden wir in beiden Gleichungen den Limes $\mathfrak{r} \to F$ und subtrahieren (72b) von (72a); so ergibt sich:

$$\int [d\mathfrak{o}' \times \mathfrak{E}(\mathfrak{r}')] \times \operatorname{grad}' G_0(\mathfrak{r}, \mathfrak{r}') + i\,\omega\,\mu \int d\mathfrak{o}' \times \mathfrak{H}(\mathfrak{r}')\, G_0(\mathfrak{r}, \mathfrak{r}')$$

$$- \frac{1}{i\,\omega\,\varepsilon} \int \operatorname{grad}' G_0(\mathfrak{r}, \mathfrak{r}')\, d\mathfrak{o}' \cdot \nabla' \times \mathfrak{H}(\mathfrak{r}') = \frac{i\,\omega}{2} \int \Gamma_0(\mathfrak{r}, \mathfrak{r}') \cdot [\mathfrak{j}_a(\mathfrak{r}') - \mathfrak{j}_i(\mathfrak{r}')]\, d\tau',$$

wenn $\mathfrak{r}$ auf F.

Mit Hilfe von Gl. (69) kann man daraus nun wahlweise entweder $\mathfrak{j}_i$ oder $\mathfrak{j}_a$ eliminieren. Dabei ergibt sich

$$\begin{aligned} \int [d\mathfrak{o}' \times \mathfrak{E}(\mathfrak{r}')] \times \operatorname{grad}' G_0(\mathfrak{r}, \mathfrak{r}') &+ i\,\omega\,\mu \int d\mathfrak{o}' \times \mathfrak{H}(\mathfrak{r}')\, G_0(\mathfrak{r}, \mathfrak{r}') \\ &- \frac{1}{i\,\omega\,\varepsilon} \int \operatorname{grad}' G_0(\mathfrak{r}, \mathfrak{r}')\, d\mathfrak{o}' \cdot \nabla' \times \mathfrak{H}(\mathfrak{r}') \\ &= -\frac{1}{2}\mathfrak{E}(\mathfrak{r}) + i\,\omega \int \Gamma_0(\mathfrak{r}, \mathfrak{r}') \cdot \mathfrak{j}_a(\mathfrak{r}')\, d\tau' \\ &= \frac{1}{2}\mathfrak{E}(\mathfrak{r}') - i\,\omega \int \Gamma_0(\mathfrak{r}, \mathfrak{r}') \cdot \mathfrak{j}_i(\mathfrak{r}')\, d\tau', \end{aligned} \tag{73}$$

wenn $\mathfrak{r}$ auf F.

Wir wenden uns nunmehr dem eigentlichen Problem der Beugungstheorie zu, bei welchem nur außerhalb von F Strahlungsquellen gegeben sind, innerhalb von F jedoch der homogene beugende Körper gelegen ist, dessen Materialkonstanten ε, μ von denen des Außenraums abweichen. In Abwesenheit des beugenden Körpers werde das elektrische Feld dabei gegeben durch

$$\mathfrak{E}_0(\mathfrak{r}) = i\,\omega \int \Gamma_0(\mathfrak{r}, \mathfrak{r}') \cdot \mathfrak{j}_a(')\, d\tau'. \tag{74}$$

Dies ist das mit den äußeren Strahlungsquellen vorgegebene Feld der Primärwelle. Nimmt man nunmehr von (73) den im Aufpunkte $\mathfrak{r}$ zur Fläche F parallelen Anteil, so erhält man

$$\begin{aligned} \mathfrak{E}_{||}(\mathfrak{r}) = 2\,\mathfrak{E}_{0||}(\mathfrak{r}) &- 2 \int_{||} [d\mathfrak{o}' \times \mathfrak{E}(\mathfrak{r}')] \times \operatorname{grad}' G_0(\mathfrak{r}, \mathfrak{r}') \\ - 2\,i\,\omega\,\mu \int_{||} d\mathfrak{o}' \times \mathfrak{H}(\mathfrak{r}')\, G_0(\mathfrak{r}, \mathfrak{r}') &+ \frac{2}{i\,\omega\,\varepsilon} \int_{||} \operatorname{grad}' G_0(\mathfrak{r}, \mathfrak{r}')\, d\mathfrak{o}' \cdot \nabla' \times \mathfrak{H}(\mathfrak{r}'). \end{aligned} \tag{75a}$$

In den Integralen der rechten Seite treten nur die flächenparallelen Komponenten von $\mathfrak{E}$ und $\mathfrak{H}$ auf, z. T. in tangentieller Richtung abgeleitet. Deshalb ist (75a) eine Integralgleichung für die flächenparallelen Komponenten von $\mathfrak{E}$ und $\mathfrak{H}$ auf der Fläche F.

Wären wir statt von (69) von der entsprechenden Gleichung für $\mathfrak{H}$ ausgegangen, so hätten wir eine andere Integralgleichung erhalten, welche aus (75a) durch Vertauschung von $\mathfrak{E}$ und $\mathfrak{H}$ sowie von ε und $-\mu$ entsteht:

$$\mathfrak{H}_{||}(\mathfrak{r}) = 2\,\mathfrak{H}_{0||}(\mathfrak{r}) - 2\int_{||} [d\mathfrak{o}' \times \mathfrak{H}(\mathfrak{r}')] \times \operatorname{grad}' G_0(\mathfrak{r}, \mathfrak{r}') \tag{75b}$$
$$+ 2\,i\,\omega\,\varepsilon \int_{||} d\mathfrak{o}' \times \mathfrak{E}(\mathfrak{r}')\, G_0(\mathfrak{r}, \mathfrak{r}') - \frac{2}{i\,\omega\,\mu}\int_{||} \operatorname{grad}' G_0(\mathfrak{r}, \mathfrak{r}')\, d\mathfrak{o}' \cdot \nabla' \times \mathfrak{E}(\mathfrak{r}').$$

Weitere Integralgleichungen gewinnt man dadurch, daß man Gl. (73) auf einen homogen mit dem Material des beugenden Körpers erfüllten unendlichen Raum anwendet und dabei das Feld im Körperinneren mit dem wirklich beim Beugungsproblem vorliegenden gleichsetzt. Da das Innere von Strahlungsquellen frei ist, ist dafür die zweite Form (73) bequem; sie liefert die folgende Integralgleichung:

$$\mathfrak{E}_{||}(\mathfrak{r}) = 2\int_{||} [d\mathfrak{o}' \times \mathfrak{E}(\mathfrak{r}')] \times \operatorname{grad}' G_i(\mathfrak{r}, \mathfrak{r}') \tag{76a}$$
$$+ 2\,i\,\omega\,\mu_i \int_{||} d\mathfrak{o}' \times \mathfrak{H}(\mathfrak{r}')\, G_i(\mathfrak{r}, \mathfrak{r}') - \frac{2}{i\,\omega\,\varepsilon_i}\int_{||} \operatorname{grad} G_i(\mathfrak{r}, \mathfrak{r}')\, d\mathfrak{o}' \cdot \nabla' \times \mathfrak{H}(\mathfrak{r}').$$

Die entsprechende Gleichung für $\mathfrak{H}$ lautet:

$$\mathfrak{H}_{||}(\mathfrak{r}) = 2\int_{||} [d\mathfrak{o}' \times \mathfrak{H}(\mathfrak{r}')] \times \operatorname{grad}' G_0(\mathfrak{r}, \mathfrak{r}') \tag{76b}$$
$$- 2\,i\,\omega\,\varepsilon_i \int_{||} d\mathfrak{o}' \times \mathfrak{E}(\mathfrak{r}')\, G_i(\mathfrak{r}, \mathfrak{r}') + \frac{2}{i\,\omega\,\mu_i}\int_{||} \operatorname{grad}' G_i(\mathfrak{r}, \mathfrak{r}')\, d\mathfrak{o} \cdot \nabla' \times \mathfrak{E}(\mathfrak{r}').$$

Das Beugungsproblem ist bereits durch zwei dieser vier Gleichungen bestimmt, und zwar kann man entweder Gl. (75a) und (76b) oder Gl. (75b) und (76a) benutzen.

Ist das beugende Objekt ein idealleitendes Metall, so ist $\mathfrak{E}_{||} = 0$ auf F, und es bleibt lediglich $\mathfrak{H}_{||}$ zu bestimmen. Zu diesem Zweck benützt man am besten Gl. (75b), welche dann in die Integralgleichung zweiter Art

$$\mathfrak{H}_{||}(\mathfrak{r}) = 2\,\mathfrak{H}_{0||}(\mathfrak{r}) - \frac{1}{2\pi}\int_{||} [d\mathfrak{o}' \times \mathfrak{H}(\mathfrak{r}')] \times \operatorname{grad}' \frac{e^{ikR}}{R} \tag{77}$$

übergeht. Hierin haben wir den expliziten Ausdruck für G_0 eingesetzt und mit R den Abstand zwischen Integrationspunkt $\mathfrak{r}'$ und Aufpunkt $\mathfrak{r}$ bezeichnet. Hat man mittels dieser Gleichung die Randwerte von $\mathfrak{H}_{||}$ gefunden, so kann man das gesamte Feld im Außenraum mittels (71a) in der Gestalt

$$\mathfrak{E}(\mathfrak{r}) = \mathfrak{E}_0(\mathfrak{r}) + \frac{1}{i\,\omega\,\varepsilon} \operatorname{rot}\operatorname{rot} \int d\mathfrak{o}' \times \mathfrak{H}'(\mathfrak{r}') \frac{e^{ikR}}{4\pi R} \tag{78}$$

berechnen. Das magnetische Feld bestimmt sich aus der zu (71a) analogen Formel

$$\mathfrak{H}(\mathfrak{r}) = \mathfrak{H}_0(\mathfrak{r}) - \operatorname{rot} \int d\mathfrak{o}' \times \mathfrak{H}' \frac{e^{ikR}}{4\pi R}. \tag{79}$$

Die in diesem Abschnitt abgeleiteten Integralgleichungen gelten für Objekte, deren Oberfläche überall eine endliche Krümmung besitzt. Wir werden später sehen, daß sich (77) mit Vorteil besonders in dem Fall verwenden läßt, daß der Krümmungsradius überall groß gegen die Wellenlänge ist. Andere Integralgleichungsmethoden, welche mit Erfolg speziell auf den Fall eines ebenen berandeten Schirmes angewandt wurden, werden in Abschn. 3 behandelt werden.

II. Abschnitt

Beugung an Objekten ohne Kanten

11. Beugung am Kreiszylinder

In Ziffer 7 wurde gezeigt, daß sich ein völlig zylindersymmetrisches Problem durch Lösung der skalaren Wellengleichungen (59) mit den Grenzbedingungen (61) bzw. Randbedingungen (62) erledigen läßt. Nimmt man speziell ein homogenes beugendes Objekt in einem homogenen Außenraum an, so reduziert sich die Aufgabe auf die Bestimmung der Greenschen Funktion des Problems, welche der Wellengleichung

$$(\Delta + k^2)\, G(|\mathfrak{r} - \mathfrak{r}'|) = 0 \qquad \text{für} \quad \mathfrak{r} \neq \mathfrak{r}'; \tag{1}$$

der Normierungsbedingung

$$\int \operatorname{grad} G \cdot d\mathfrak{o} = -\begin{cases} \varepsilon \\ \mu \end{cases} \tag{2}$$

für das Integral einer kleinen Hüllfläche um den Punkt $\mathfrak{r} = \mathfrak{r}'$; sowie den Grenzbedingungen

$$G \text{ stetig}; \quad \frac{1}{\varepsilon}\frac{\partial G}{\partial n} \text{ bzw. } \frac{1}{\mu}\frac{\partial G}{\partial n} \text{ stetig} \tag{3}$$

auf der Oberfläche des beugenden Objekts genügt. Für ein idealleitendes Objekt tritt an dessen Stelle die Randbedingung

$$G = 0 \quad \text{bzw.} \ \frac{\partial G}{\partial n} = 0. \tag{4}$$

Wir betrachten in diesem nunmehr völlig zweidimensionalen Problem als beugendes Objekt einen Kreis in der unendlichen Ebene. Die Lösung muß dabei der Ausstrahlungsbedingung (43) unterworfen werden. Die Methode, um dieses Beugungsproblem zu lösen, läßt sich auf alle Objekte anwenden, welche von Flächen zweiter Ordnung begrenzt werden, wenigstens so lange man es mit der Lösung der skalaren Gleichung (1) zu tun hat; im elektromagnetischen Fall ist, abgesehen von dem zweidimensionalen (zylindersymmetrischen) Problem, die entsprechende Lösung nur für die Kugel und die Kreisscheibe bekannt. Die Lösungsmethode besteht darin, daß man orthogonale Scharen von Flächen zweiter Ordnung als Koordinatenflächen einführt, unter welchen sich die Oberfläche des beugenden Objektes befindet; die Grundlösung von Gl. (1) kann dann stets in separierter Form geschrieben werden, d. h. als Produkt aus drei Faktoren, welche nur jeweils von einer der Koordinaten abhängen. Setzt man die Greensche Funktion als Reihe nach solchen separierten Lösungen von (1) an, so kann man die Grenz- bzw. Randbedingungen unmittelbar erfüllen.

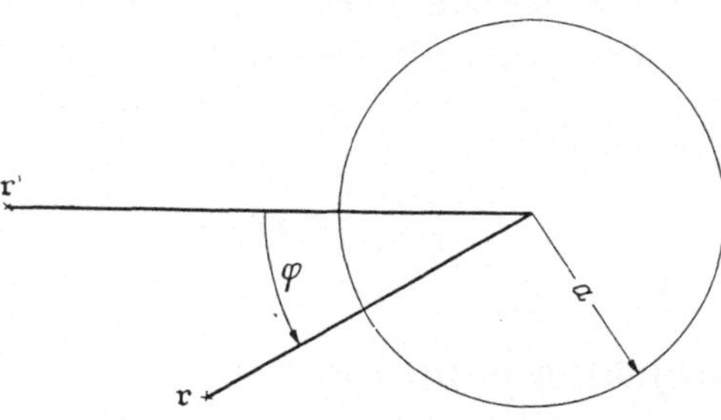

Abb. 3. Bezeichnungen für die Beugung am Kreis

Für den Fall des Kreises führen wir ebene Polarkordinaten ein, wobei wir den Winkel φ von r' aus rechnen wollen (Abb. 3). Die Wellengleichung lautet in den Polarkoordinaten r, φ

$$\left(\frac{\partial^2}{\partial r^2} + \frac{1}{r}\frac{\partial}{\partial r} + \frac{1}{r^2}\frac{\partial^2}{\partial \varphi^2} + k^2\right) u = 0\,. \tag{5}$$

Ihre allgemeine separierte Lösung ist

$$u = e^{in\varphi} Z_n\,(k\,r)\,. \tag{6}$$

Dabei muß n wegen der Eindeutigkeit von u eine ganze Zahl sein, und Z_n ist eine Zylinderfunktion, welche der Gleichung

$$\left(\frac{\partial^2}{\partial z^2} + \frac{1}{z}\frac{\partial}{\partial z} + \left(1 - \frac{n^2}{z^2}\right)\right) Z_n(z) = 0 \tag{7}$$

gehorchen muß. Die allgemeine Lösung dieser Gleichung, welche für beliebige komplexe Werte von n brauchbar ist, ist das Sommerfeldsche Integral

$$Z_n(z) = \frac{1}{\pi}\int\limits_S d\,\chi\, e^{iz\cos\chi + in\left(\chi - \frac{\pi}{2}\right)}, \tag{8}$$

wobei der Integrationsweg in der komplexen Ebene so zu führen ist, daß er an beiden Enden in solche Gebiete des Unendlichen verläuft, an welchen die Exponentialfunktion verschwindet. Daß (8) die Gl. (7) erfüllt, beweist man sehr rasch, wenn man zunächst verifiziert, daß

$$\left(\frac{\partial^2}{\partial z^2} + \frac{1}{z}\frac{\partial}{\partial z} + \frac{1}{z^2}\frac{\partial^2}{\partial \chi^2} + 1\right) e^{iz\cos\chi} = 0\,. \tag{9}$$

Damit wird nämlich

$$\left(\frac{\partial^2}{\partial z^2} + \frac{1}{z}\frac{\partial}{\partial z} + 1\right) Z_n(z) = \frac{1}{\pi z^2}\int\limits_S d\chi\, e^{in\left(\chi - \frac{\pi}{2}\right)} \left(-\frac{\partial^2}{\partial \chi^2}\, e^{iz\cos\chi}\right). \tag{10}$$

Wenn man hierin zweimal partiell integriert, so fallen jedesmal die ausintegrierten Teile weg wegen der Voraussetzung, daß die Exponentialfunktion an den Grenzen verschwindet, und es ergibt sich unmittelbar Gl. (7). Um die möglichen Integrationswege S zu diskutieren, betrachten wir Abb. 4, in welche diejenigen Gebiete der komplexen Ebene schraffiert sind, in welchen der Integrand von (8) verschwindet, und zwar stärker als exponentiell. Zwei mögliche Integrationswege S_1 und S_2 sind eingezeichnet; sie liefern die sogenannten Hankel-Funktionen 1. und 2. Art, welche bei $z = 0$ singulär sind (und zwar logarithmisch), wie man sofort aus (8) ersieht — wollte man dort nämlich im Integranden $z = 0$ einsetzen, so würde das Integral bestimmt nicht mehr konvergieren. Dagegen bekommt man eine bei $z = 0$ verschwindende Funktion aus (8), wenn man die Summe der beiden Hankel-Funktionen bildet und für n einen positiven Realteil voraussetzt. Man kann das Integral dann zusammenfassen zu einer Integration über den Weg S (s. Abb. 4). Das Integral konvergiert und liefert ersichtlich für $z = 0$ den Wert 0. Trotzdem hat die Funktion bei $z = 0$ einen Verzweigungspunkt, wenn nicht n eine ganze Zahl ist. Für n ganz kann man den Integrationsweg aus dem Unendlichen nach irgendeinem Punkte ζ, von dort nach $2\pi + \zeta$ und auf einem gegenüber dem Anfangsteil genau um 2π nach rechts verschobenen Integrationsweg wieder zum Unendlichen führen. Die beiden komplexen Anteile des Integrationsweges kompensieren sich wegen des entgegengesetzten Durchlaufungsinns, und es bleibt nur ein Integral von ζ bis $2\pi + \zeta$, welches auch für $z = 0$ keinerlei Singularität aufweist. Das über S_0 genommene Integral nennt man die doppelte Bessel-Funktion $J_n(z)$; wir können also zusammenstellen

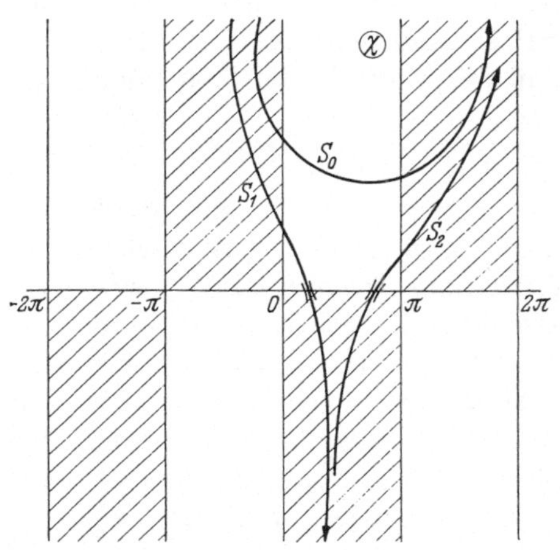

Abb. 4. Integrationswege für die Darstellung der Zylinderfunktionen

$$\left.\begin{aligned} &S_1 \to H_n^{(1)}(z); \qquad S_2 \to H_n^{(2)}(z) \\ &S_0 = S_1 + S_2 \to 2\,J_n(z); \quad n \text{ ganz: } \int_{\zeta}^{\zeta+2\pi}; \end{aligned}\right\} \tag{11}$$

d. h.

$$2\,J_n(z) = H_n^{(1)}(z) + H_n^{(2)}(z). \tag{11a}$$

Außer dem Verhalten bei $z = 0$ ist für uns auch das Verhalten im Unendlichen von besonderer Wichtigkeit, und zwar im Hinblick auf die Ausstrahlungsbedingung. Dieses Verhalten kann man aus (8) leicht mit Hilfe der Sattelpunktsmethode ermitteln. Für sehr große z nimmt der Integrand bei Fortschreiten in den schraffierten Gebieten rapide gegen null ab, jedoch muß man beim Übergang von einem schraffierten Gebiet zu dem anderen einen zwischen zwei steilen Bergflanken gelegenen Sattel passieren. Die Lage dieses Sattelpunkts bestimmt sich daraus, daß die Ableitung des Integranden nach χ dort verschwindet, oder

$$\sin\chi_s = \frac{n}{z}\,; \qquad \chi_s = \arcsin\frac{n}{z} \tag{12}$$

ist. Beschränken wir uns bei der Diskussion auf positive Werte von n und z, so erhalten wir zwischen 0 und π zwei Sattelpunkte; über den ersten, auf welchen $\cos\chi$ positiv ist, verläuft der Weg S_1, über den zweiten mit negativem $\cos\chi_s$ der Weg S_2. Die weitere Auswertung erfolgt nun so, daß man den Exponenten des Integranden in der Umgebung des Sattelpunktes bis zu quadratischen Gliedern entwickelt, wobei man einen um so kleineren Fehler macht, je größer z ist, je steiler also der Weg vom Sattelpunkt aus ins Tal verläuft. Der Exponent wird dabei ungefähr (Sattel bei ≈ 0 bzw. $\approx \pi$)

$$i\,z\cos\chi + i\,n\left(\chi - \frac{\pi}{2}\right) = \pm i\,z \mp i\,n\frac{\pi}{2} \mp i\frac{z}{2}(\chi - \chi_s)^2$$

und die Hankel-Funktionen werden asymptotisch gleich

$$\left\{\begin{aligned} H_n^{(1)}(z) &\sim \sqrt{\frac{2}{\pi z}}\, e^{i\left(z - \frac{n\pi}{2} - \frac{\pi}{4}\right)} \\ H_n^{(2)}(z) &\sim \sqrt{\frac{2}{\pi z}}\, e^{-i\left(z - \frac{n\pi}{2} - \frac{\pi}{4}\right)}. \end{aligned}\right. \tag{13}$$

Man ersieht hieraus, daß bei der von uns vorausgesetzten Zeitabhängigkeit $e^{-i\omega t}$ die Funktion $H_n^{(1)}$ eine auslaufende Welle ist, welche den Sommerfeldschen Ausstrahlungsbedingungen genügt; $H_n^{(2)}$ dagegen verletzt diese Bedingung und ist eine aus dem Unendlichen konzentrisch einlaufende Zylinderwelle.

Nunmehr können wir an die Lösung des Beugungsproblems gehen. Das Feld im Äußeren des beugenden Kreises läßt sich entsprechend Abb. 2 mittels der Greenschen Funktion des unbegrenzten Raumes darstellen, wenn man es erzeugt denkt durch das Feld einer echten äußeren Strahlungsquelle und fiktiver Strahlungsquellen im Inneren des beugenden Objektes. Ebenso kann man das Feld im Inneren durch die Greensche Funktion des unendlichen Raumes (jedoch mit den Materialkonstanten des beugenden Objektes) darstellen, wenn man fiktive Strahlungsquellen im Äußeren einsetzt. Das Feld der in $\mathfrak{r}'$ befindlichen echten Strahlungsquelle ist als kreissymmetrische Lösung von (1) gegeben durch

$$G_0(|\mathfrak{r}-\mathfrak{r}'|) = \frac{i\,\varepsilon}{4} H_0^{(1)}(k\,|r-\mathfrak{r}'|) \quad \text{bzw.}\ \frac{i\,\mu}{4} H_0^{(1)}(k\,|\mathfrak{r}-\mathfrak{r}'|), \tag{14}$$

den Faktor $\frac{i}{4}$ haben wir beigefügt, um die Normierungsbedingung (2) zu erfüllen. Diese lautet explizit

$$\lim_{|\mathfrak{r}-\mathfrak{r}'|\to 0} 2\pi\,|\mathfrak{r}-\mathfrak{r}'|\,\frac{\partial G_0(|\mathfrak{r}-\mathfrak{r}'|)}{\partial\,|\mathfrak{r}-\mathfrak{r}'|} = -\begin{cases}\varepsilon\\ \mu\end{cases}, \tag{15}$$

da das Flächenelement $d\mathfrak{o}$ in (2) nichts anderes als das radial orientierte Linienelement $r\,d\varphi$ ist. Um zu zeigen, das diese Gleichung in der Tat durch (14) erfüllt wird, bilden wir mit Hilfe der expliziten Darstellung (8) für die Hankel-Funktion

$$2\pi\,|\mathfrak{r}-\mathfrak{r}'|\,\frac{\partial H_0(k\,|\mathfrak{r}-\mathfrak{r}'|)}{\partial\,|\mathfrak{r}-\mathfrak{r}'|} = 2\,|\mathfrak{r}-\mathfrak{r}'|\int_{S_1} d\chi\, e^{ik|\mathfrak{r}-\mathfrak{r}'|\cos\chi}\, i\,k\cos\chi\,. \tag{16}$$

Ist $|\mathfrak{r}-\mathfrak{r}'|$ sehr klein, so wird erst bei sehr großen Werten von χ die Exponentialfunktion merklich von 1 verschieden, der Integrand wächst bis dorthin wegen des Faktors $\cos\chi$ sehr stark an, und Bereiche endlicher χ liefern einen vernächlässigbar kleinen Beitrag zum Integral. Für sehr große χ kann man jedoch $\cos\chi$ auf dem von uns gewählten Wege durch $\pm i\sin\chi$ ersetzen, wobei das positive Vorzeichen im unteren, das negative im oberen Teil der komplexen Ebene gilt. Aus (16) entsteht deshalb angenähert

$$\sim 4i\int_0^\infty d\,(i\,k\,|\mathfrak{r}-\mathfrak{r}'|\cos\chi)\, e^{ik|\mathfrak{r}-\mathfrak{r}'|\cos\chi} = 4i \tag{16a}$$

und damit ist (15) bewiesen. (14) ist also der korrekte Ansatz für den primären Anteil der Greenschen Funktion.

Den gebeugten Anteil, der von den fiktiven Quellen im Innern des Kreises herrührt, kann man nach auslaufenden Wellen der Gestalt (6) entwickeln, wobei also die Zylinderfunktion Z_n mit der Hankel-Funktion $H_n^{(1)}$ zu identifizieren ist. Die Funktion (14) muß nunmehr, entsprechend dem skizzierten Programm, nach Funktionen vom Typus (6), mit ganzzahligen n, entwickelt werden. Man erhält diese Reihendarstellung einfach als Fourier-Reihe bezüglich des Winkels φ in der Gestalt

$$G_0(|\mathfrak{r}-\mathfrak{r}'|) = \sum_{n=-\infty}^{+\infty} A_n(r, r')\, e^{in\varphi}\,. \tag{17}$$

Die vom Betrag von r und r' abhängigen Fourier-Koeffizienten gewinnt man, indem man G_0 mit $e^{-in\varphi}$ multipliziert, von 0 bis 2π integriert und durch 2π dividiert. Führt man dann noch für G_0 den

Ausdruck (14) mit der expliziten Integraldarstellung (8) ein, so entsteht

$$A_n = \frac{i\,\varepsilon}{8\pi^2} \int_0^{2\pi} d\varphi \int_{S_1} d\chi\, e^{ik|\mathfrak{r}'-\mathfrak{r}|\cos\chi - in\varphi} . \tag{18}$$

Den Exponenten kann man dabei auffassen als Skalarprodukt zwischen dem Vektor $\mathfrak{r}' - \mathfrak{r}$ und einem variablen (komplexen) Vektor $\mathfrak{k}$, welcher mit $\mathfrak{r}' - \mathfrak{r}$ den Winkel χ einschließt. Ordnet man dem Vektor $\mathfrak{k}$ einen Polarwinkel ϑ zu, so kann man den Exponenten in folgender Weise umschreiben

$$k\,|\mathfrak{r}' - \mathfrak{r}|\cos\chi = \mathfrak{k} \cdot (\mathfrak{r}' - \mathfrak{r}) = k\,r' \cos\vartheta - k\,r\cos(\vartheta - \varphi) .$$

Wenn wir nun voraussetzen, daß $r' > r$ ist, dann schließt $\mathfrak{r}'$ mit $\mathfrak{r}' - \mathfrak{r}$ einen spitzen Winkel ein, und ϑ unterscheidet sich von χ genau um diesen konstanten spitzen Winkel. Es ist daher möglich, den ursprünglichen Integrationsweg S_1 so zu verlegen, daß er bei Einführung von ϑ als Integrationsvariable in dem schraffierten Streifen verbleibt. Vertauscht man die Integrationsfolgen und führt an Stelle von φ die Variable $\psi = \varphi - \vartheta - \pi$ ein, so entsteht auf der rechten Seite nach (8) das Produkt zweier Zylinderfunktionen; um genau zur Darstellung (6) zu gelangen, führt man $\chi_1 = -\vartheta$ und $\chi_2 = -\psi$ als Variable ein. Für die Reihe (17) erhält man explizit

$$G_0(|\mathfrak{r} - \mathfrak{r}'|) = \frac{i\,\varepsilon}{4} \sum_{n=-\infty}^{+\infty} e^{in\varphi} H_n^{(1)}(k\,r')\, J_n(k\,r) \quad \text{für} \quad r' > r . \tag{19}$$

Um den Ansatz für die gesamte Greensche Funktion zu erhalten, müssen wir im Außenraum zu (19) noch die auslaufenden Wellen hinzufügen, welche den fiktiven Ladungen im Kreisinneren entsprechen; indem wir diesen den auslaufenden Teil $\frac{1}{2} H_n^{(1)}(k\,r)$ der Besselfunktionen in der Darstellung (19) für die Primärwelle (s. 11a) hinzufügen, erhalten wir:

$$G(\mathfrak{r}, \mathfrak{r}') = \frac{i\,\varepsilon}{8} \sum_{n=-\infty}^{+\infty} e^{in\varphi} H_n^{(1)}(k\,r') \left(H_n^{(2)}(k\,r) - B_n H_n^{(1)}(k\,r)\right) \tag{20}$$

$$\text{für} \quad r' > r > a .$$

Für das Innere des Kreises, in dem für $r' > a$ keine Strahlungsquellen liegen, besteht das Feld nur aus der Strahlung fiktiver Quellen des Außengebietes; da dieses Feld innen überall regulär sein muß, kann es nur als Bessel-Funktionsreihe von r geschrieben werden:

$$G(\mathfrak{r}, \mathfrak{r}') = \frac{i}{8} \sum_{n=-\infty}^{+\infty} e^{in\varphi} C_n H_n^{(1)}(k\,r')\, J_n(k_i\,r) \text{ für } r' > a > r . \tag{21}$$

Hierin tritt der im Material des Kreisinnern gültige Wert k_i der Wellenzahl auf. Die Koeffizienten B_n und C_n bestimmen sich aus den Grenzbedingungen (3). Diese führen auf die beiden Forderungen

$$H_n^{(2)}(k\,a) - B_n H_n^{(1)}(k\,a) = C_n J_n(k\,a)$$

$$\frac{k}{\varepsilon}\left(H_n^{(2)\prime}(k\,a) - B_n H_n^{(1)\prime}(k\,a)\right) = \frac{k_i}{\varepsilon_i} C_n J_n'(k_i a)\,.$$

Die Striche bedeuten Ableitungen nach dem Argument.
Beim zweiten Polarisationsfall ist ε durch μ zu ersetzen. — Die Koeffizienten B_n und C_n bestimmen sich aus den beiden Gleichungen zu

$$B_n = \frac{H_n^{(2)}(k\,a)\,J_n'(k_i\,a) - \sqrt{\frac{\mu\,\varepsilon_i}{\varepsilon\,\mu_i}}\,H_n^{(2)\prime}(k\,a)\,J_n(k_i a)}{H_n^{(1)}(k\,a)\,J_n'(k_i\,a) - \sqrt{\frac{\mu\,\varepsilon_i}{\varepsilon\,\mu_i}}\,H_n^{(1)\prime}(k\,a)\,J_n(k_i a)}\,, \tag{22}$$

$$C_n = \frac{4\varepsilon}{i\,\pi\,k\,a}\;\frac{1}{\sqrt{\frac{\varepsilon\,\mu_i}{\mu\,\varepsilon_i}}\,H_n^{(1)}(k\,a)\,J_n'(k_i\,a) - H_n^{(1)\prime}(k\,a)\,J_n(k_i\,a)}\,. \tag{23}$$

Die letzte Formel wurde mit Hilfe der Wronskischen Determinantenbeziehung für die Zylinderfunktionen [s. Magnus-Oberhettinger 1948, S. 26]

$$H_n^{(1)}(z)\,H_n^{(2)\prime}(z) - H_n^{(1)\prime}(z)\,H_n^{(2)}(z) = \frac{4}{i\,\pi\,z}$$

vereinfacht.

Aus Formel (20) und (21) erhält man die Greensche Funktion für den Fall, daß beide Punkte außerhalb der Kreisfläche liegen oder einer außen und einer innen. Obwohl der Fall, daß beide Punkte innerhalb des Kreises liegen, physikalisch weniger interessiert, sei die Formel der Vollständigkeit halber hinzugefügt. Man hat dabei eine Primärwelle von der Gestalt (14) für das Innere anzusetzen, und erhält, wenn diesmal $r' < r$ vorausgesetzt wird, den folgenden Ansatz für die Greensche Funktion

$$G(\mathfrak{r}, \mathfrak{r}') = \frac{i\,\varepsilon_i}{4} \sum_{n=-\infty}^{+\infty} e^{in\varphi}\, J_n(k_i r')\left(H_n^{(1)}(k_i r) - D_n J_n(k_i r)\right) \tag{24}$$

$$\text{für } a > r > r'\,.$$

Die Koeffizienten D_n bestimmen sich wieder aus den Grenzbedingungen, wobei die Greensche Funktion für $r > a$ (und r' nach wie vor $< a$) aus (21) zu entnehmen ist, wenn man dort die Rollen von r und r' vertauscht. Die Koeffizienten ergeben sich zu

$$D_n = \frac{H_n^{(1)}(k\,a)\,H_n^{(1)\prime}(k_i\,a) - \sqrt{\frac{\mu\,\varepsilon_i}{\varepsilon\,\mu_i}}\,H_n^{(1)\prime}(k\,a)\,H_n^{(1)}(k_i\,a)}{H_n^{(1)}(k\,a)\,J_n'(k_i\,a) - \sqrt{\frac{\mu\,\varepsilon_i}{\varepsilon\,\mu_i}}\,H_n^{(1)\prime}(k\,a)\,J_n(k_i\,a)}\,, \tag{25}$$

während sich für C_n — wie es sein muß — wieder (23) ergibt. Für den Fall idealer Leitfähigkeit vereinfachen sich die gewonnenen

Formeln erheblich; es interessiert dann nur der Fall, daß r und r' beide außerhalb des Kreises liegen, und die dafür benötigten Koeffizienten B_n nach (22) werden sehr einfach; es ergibt sich nämlich durch den Grenzübergang $\varepsilon_i \to \infty$ nichts anderes als $\frac{H_n^{(2)'}(ka)}{H_n^{(1)'}(ka)}$. In dem zweiten Polarisationsfall, in welchem ε und μ ihre Rollen vertauschen, erhält man stattdessen $\frac{H_n^{(2)}(ka)}{H_n^{(1)}(ka)}$.

12. Konvergenz der Zylinderfunktionsreihen

Um die Konvergenz der gewonnenen Reihendarstellung (20), (21), (24) beurteilen zu können, benötigt man asymptotische Formeln für Zylinderfunktionen sehr großer Ordnungszahl. Man gewinnt auch diese nach der Sattelpunktsmethode durch Auswertung an den Sattelpunkten, welche durch Formel (12) gegeben sind. Wenn man dabei weder n gegen z noch z gegen n vernachlässigt, so liefert ein einzelner Sattelpunkt den folgenden Beitrag zu Z_n:

$$Z_n(z) \sim \frac{1}{\pi} e^{iz\cos\chi_s + in\left(\chi_s - \frac{\pi}{2}\right)} \int d\chi\, e^{-i\frac{z}{2}\cos\chi_s(\chi-\chi_s)^2}. \tag{26}$$

Führt man darin $\sqrt{i\frac{z}{2}\cos\chi_s}\,(\chi-\chi_s)$ als Integrationsvariable ein (wobei das Vorzeichen der Wurzel hier nicht untersucht werden soll), so ergibt sich

$$Z_n(z) \sim \sqrt{\frac{2}{\pi z\cos\chi_s}}\, e^{iz\cos\chi_s + in\left(\chi_s - \frac{\pi}{2}\right) - i\frac{\pi}{4}}. \tag{27}$$

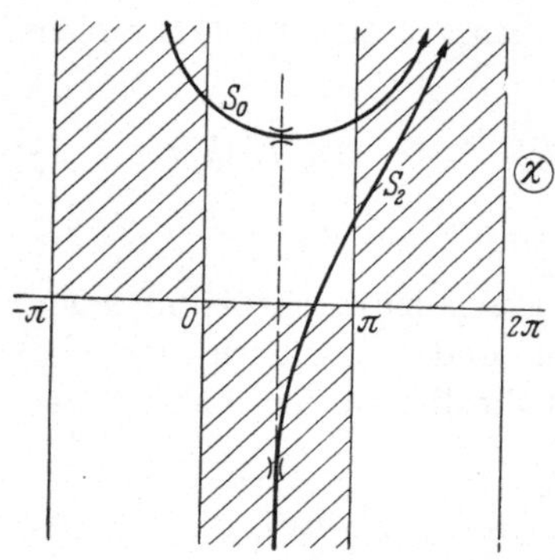

Abb. 5. Lage der Sattelpunkte für $n > z$

Wenn n und z beide positiv sind, jedoch z noch größer als n, dann hat die Exponentialfunktion in (27) den Betrag 1 (die Sattelpunkte liegen dann wie in Abb. 4 eingezeichnet) und damit sind die beiden Hankel-Funktionen und auch die Bessel-Funktion von derselben Größenordnung. Wird dagegen n größer als z, so rücken die beiden Sattelpunkte in die in Abb. 5 angegebene Lage in der komplexen Ebene. Für die Größenordnung der Exponentialfunktion in (27) wird das Glied $in\chi_s$ ausschlaggebend; daher wird die Exponentialfunktion für den Sattel in der oberen Halbebene sehr klein, für den Sattel in der unteren Halbebene sehr groß. Die Bessel-Funktion geht also mit wachsendem n stärker als exponentiell gegen null, dagegen die Hankel-Funktion $H_n^{(2)}$ stärker als exponentiell gegen unendlich. Das gleiche gilt auch für die Hankel-Funktion $H_n^{(1)}$, wleche man durch Differenzbildung aus $2J_n - H_n^{(2)}$ erhalten kann. Dasselbe Verhalten zeigen auch die Ableitungen der Zylinderfunktionen nach z, und daraus ergibt sich, daß die Koeffizienten B_n, C_n, D_n nach Gl. (22), (23), (25) von der Größenordnung 1 bleiben, solange n kleiner als ka und $k_i a$, daß aber B_n und C_n stärker als exponentiell gegen null gehen, wenn n größer wird als ka und D_n, wenn n größer wird als $k_i a$. Ebenso gehen die in der Primärwelle (19) enthaltenen Bessel-Funktionen stärker als exponentiell gegen null, sobald n größer wird als kr. Damit ist aber die Konvergenz der Reihen noch keineswegs gesichert, da ja die Koeffizienten B_n, C_n, D_n ebenso wie die Bessel-Funktion J_n noch mit Hankel-Funktionen multipliziert sind, welche im Limes großer n gegen unendlich gehen. Wenn man jedoch beachtet, daß für große Werte von $|\chi_s|$ gilt

$$\sin \chi_s \sim \mp \frac{e^{\mp i \chi_s}}{2i}\,; \quad e^{iz\cos\chi_s} \sim e^{\pm n}$$

(oberes Vorzeichen in der oberen, unteres in der unteren Halbebene), so erhält man für das asymptotische Verhalten der Zylinderfunktionen bei großen n

$$J_n(z) \sim \frac{1}{\sqrt{2\pi\, n}}\left(\frac{e\,z}{2n}\right)^n; \quad H_n^{(1)}(z) \sim \frac{1}{i}\cdot \sqrt{\frac{2}{\pi\, n}}\left(\frac{e\,z}{2\,n}\right)^{-n}. \tag{28}$$

Für die in (19) und (20) auftretenden Größen ergibt sich

$$\begin{aligned} H_n^{(1)}(k\,r')\,J_n(k\,r) &\sim \frac{1}{i\,\pi\,n}\left(\frac{r}{r'}\right)^n \\ (B_n+1)\,H_n^{(1)}(k\,r')\,H_n^{(1)}(k\,r) &\sim \frac{1}{i\,\pi\,n}\left(\frac{a^2}{r\,r'}\right)^n. \end{aligned} \tag{29}$$

Damit ist die Konvergenz der Reihendarstellung (20) erwiesen, doch sieht man gleichzeitig, daß nur für kleine Werte von ka die Reihe für die gebeugte Welle wirklich brauchbar ist, für große ka dagegen muß man eine sehr große Zahl $n > ka$ von Reihengliedern mitnehmen. — Das asymptotische Verhalten der Reihen (21) und (24) ergibt sich genau analog zu den Ausdrücken (29), so daß auf das Anschreiben der Formeln verzichtet sei.

13. Transformation der Reihen nach Watson

Nach Watson kann man die Reihen (20), (21) und (24) in andere Reihen transformieren, welche für große ka rasch konvergieren. Wir wollen die Reihen zunächst in Summen mit nur positiven Werten von n verwandeln. Dies gelingt mit Hilfe der folgenden Relationen

$$H_n^{(1)}(z) = e^{-i\pi n}\,H_{-n}^{(1)}(z)\,; \quad H_n^{(2)}(z) = e^{i\pi n}\,H_{-n}^{(2)}(z)\,, \tag{30}$$

welche man unmittelbar aus (8) ableitet, indem man $-\chi$ als Integrationsvariable bei der Darstellung von $H_n^{(1)}$, und $2\pi - \chi$ bei der Darstellung von $H_n^{(2)}$ einführt. Aus (30) folgt speziell für ganzzahlige n, daß das Produkt oder der Quotient zweier Zylinderfunktionen eine gerade Funktion von n ist. Wir wollen des weiteren nur Gl. (20) betrachten; die Behandlung von (21) und (24) erfolgt ganz analog. Indem wir in (20) für alle negativen n-Werte $-n$ als Summationsindex einführen, erhalten wir

$$G(\mathfrak{r}, \mathfrak{r}') = \frac{i\,\varepsilon}{8}\left(\sum_{n=0}^{\infty} + \sum_{n=1}^{\infty}\right) \cos(n\,\varphi)\, H_n^{(1)}(k\,r')\left(H_n^{(2)}(k\,r) - B_n\, H_n^{(1)}(k\,r)\right). \tag{31}$$

Die Summanden dieses Ausdrucks kann man nun als die Residuen des folgenden komplexen Integrals auffassen

$$G = \frac{\varepsilon}{8}\int\limits_C \frac{d\nu}{\sin\nu\pi} \cos\left(\nu\,(\pi - \varphi)\right) H_\nu^{(1)}(k\,r')\left(H_\nu^{(2)}(k\,r) - B_\nu\, H_\nu^{(1)}(k\,r)\right). \tag{32}$$

Der Integrationsweg muß dabei die Pole des Nenners $\sin\nu\pi$ bei $\nu = 1, 2, 3, \ldots$ usw. genau einmal positiv umlaufen, dagegen ist der Umlauf um $\nu = 0$ nur ein halbes mal zu zählen; wir wählen also als Integrationsweg den in Abb. 6 dargestellten Weg C, welcher durch den Nullpunkt hindurchgeht — dort ist der Hauptwert zu nehmen, also der Mittelwert zwischen den beiden Integralen, welche sich ergeben, wenn man den Weg links oder rechts am Nullpunkt vorbeiführt. Das Residuum von $\frac{1}{\sin\nu\pi}$ an der Stelle $\nu = n$ (ganz) ist $\frac{2\,i}{\cos n\,\pi} = 2\,i\;(-1)^n$; da der Wert von $\cos n\,(\varphi - \pi) = (-1)^n \cdot \cos n\,\varphi$ ist, stimmt in der Tat die Summe (31) mit der Residuensumme von (32) überein.

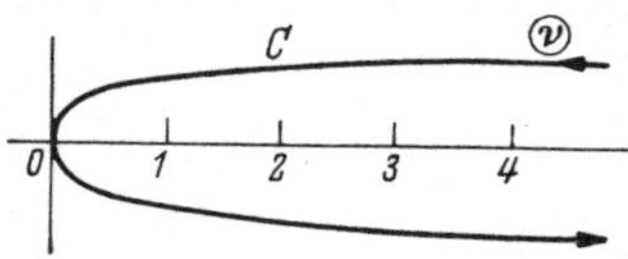

Abb. 6. Weg für die Integraldarstellung der Greenschen Funktion

Der nächste Schritt besteht in einer zweckmäßigen Verlegung des Integrationsweges C. Zuerst müssen wir das Verhalten des Integranden in der komplexen Ebene diskutieren. Dabei beschränken wir uns vorläufig auf ideale Leitfähigkeit und nehmen zuerst den zweiten Polarisationsfall an; dann haben wir an Stelle von (32) das Integral

$$G = \frac{\varepsilon}{8}\int \frac{d\nu}{\sin\nu\pi} \cos\left(\nu\,(\pi - \varphi)\right) H_\nu^{(1)}(k\,r')\, \frac{H_\nu^{(1)}(k\,a)\, H_\nu^{(2)}(k\,r) - H_\nu^{(2)}(k\,a)\, H_\nu^{(1)}(k\,r)}{H_\nu^{(1)}(k\,a)}; \tag{32a}$$

darin sind Primär- und Sekundärwelle mit einem gemeinsamen Nenner zusammengefaßt. Was wir von dem Integranden wissen müssen, ist vor allem das Verhalten im Unendlichen sowie die Lage von Polstellen. Das Verhalten im Unendlichen wird maßgeblich durch die Zylinderfunktionen bestimmt, da — wie wir in Ziffer 12 schon gesehen haben — diese im Unendlichen stärker als exponentiell veränderlich sind, während die Winkelfunktionen sich nur exponentiell verändern. Wir betrachten eine einzelne Hankel-Funktion. Für ihr Verhalten im Unendlichen ist die Lage der Sattelpunkte von Abb. 5 bzw. Abb. 4 sowie der Exponent des Ausdrucks (27) an diesen beiden Sattelpunkten maßgebend. Da die Sattelpunkte symmetrisch zu $\frac{\pi}{2}$ liegen, ist der Exponent entgegengesetzt gleich, also ist abgesehen von dem Wurzelfaktor in Gl. (27) stets der Beitrag des einen Sattelpunktes klein, wenn der des anderen groß ist. Die beiden Sattelpunkte vertauschen ihre Rollen jedesmal beim Durchgang durch diejenigen Linien in der komplexen ν-Ebene, auf welchen die Exponentialfunktion den Betrag 1 annimmt, und dies bedeutet für positive z (mit denen wir es fast ausschließlich zu tun haben), daß

$$\cos\chi_s + \left(\chi_s - \frac{\pi}{2}\right)\sin\chi_s = \text{reell}. \tag{33}$$

Die Lage der hierdurch bestimmten Linien gilt es zunächst festzustellen. Man sieht, daß (33) für alle reellen χ_s erfüllt wird, das bedeutet nach (12) in der komplexen ν-Ebene die Strecke zwischen $-z$ und $+z$ auf der reellen Achse. Bei $+z$ und $-z$ gabelt sich diese Linie; wir untersuchen diese Gabelung zunächst bei $+z$, indem wir χ_s in der folgenden Weise durch zwei kleine reelle Größen γ_1 und γ_2 darstellen:

$$\chi_s = \frac{\pi}{2} - \gamma_1 - i\,\gamma_2, \tag{34}$$

womit (33) die Gestalt annimmt

$$\cos\gamma_1 \,\mathfrak{Sin}\,\gamma_2 + \gamma_1 \sin\gamma_1 \,\mathfrak{Sin}\,\gamma_2 - \gamma_2\cos\gamma_1 \,\mathfrak{Cos}\,\gamma_2 = 0. \tag{33a}$$

Entwicklung nach kleinen Werten von γ_1 und γ_2 liefert

$$\gamma_2\,(\gamma_2^2 - 3\gamma_1^2) = 0.$$

Neben der bereits bekannten Lösung $\gamma_2 = 0$ erhält man hieraus

$$\gamma_2 = \pm\sqrt{3}\,\gamma_1 \tag{35}$$

bzw. in der ν-Ebene

$$\frac{\nu}{z} - 1 = \gamma_1^2\,(1 \mp i\sqrt{3}). \tag{35a}$$

Die gesuchten Linien schließen also — wie in Abb. 7 eingezeichnet — mit der reellen Achse den Winkel von $\pm 60°$ ein. Für größere Werte von γ_1 und γ_2 biegen sie jedoch um, und zwar werden sie asymptotisch parallel zur imaginären Achse. Für sehr große $|\gamma_2|$ folgt aus (33a)

$$1 + \gamma_1\tan\gamma_1 = |\gamma_2|.$$

Damit auch die linke Seite sehr groß wird, muß — da γ_1 selbst nicht sehr groß werden kann, siehe Abb. 4 und Abb. 5 — der Tangens sehr große Werte annehmen, d. h. γ_1 sich dem Werte $\pm\frac{\pi}{2}$ annähern. Wir setzen

$$\gamma_1 = \pm\left(\frac{\pi}{2} - \alpha\right) \tag{36a}$$

und erhalten damit

$$|\gamma_2| \sim \frac{\pi}{2\alpha}. \tag{36b}$$

Einsetzen in Gl. (12) liefert für die gesuchten Linien der ν-Ebene die folgende Parameterdarstellung (unter Einbeziehung der Linien, welche von $\nu = -z$ ausgehen).

$$\nu \sim \pm\frac{z}{2}\, e^{\frac{\pi}{2\alpha} \pm i\left(\frac{\pi}{2} - \alpha\right)}. \tag{37}$$

Es gibt nun in jedem der vier Bereiche, in welche die komplexe Ebene gemäß Abb. 7 zerschnitten wird, genau eine Zylinderfunktion, welche sehr klein wird, weil sie ihren Beitrag ausschließlich von dem Sattelpunkt mit der kleinen Exponentialfunktion bezieht. Für den rechten Teil der Ebene ist dies die Bessel-Funktion $J_\nu(z)$; denn wir wissen bereits aus Ziffer 12, daß dort auf der reellen Achse die Bessel-Funktion klein wird. Aus Abb. 4 geht hervor, daß in dem inneren Teil der reellen Achse — zwischen $+z$ und $-z$ — die Hankel-Funktionen ihre asymptotische Darstellung genau einem Sattelpunkt verdanken; dies gilt auch, wenn man sich von der reellen Achse aus ins Komplexe bewegt, solange man die Umgebung der kritischen Linien von Abb. 7 vermeidet.

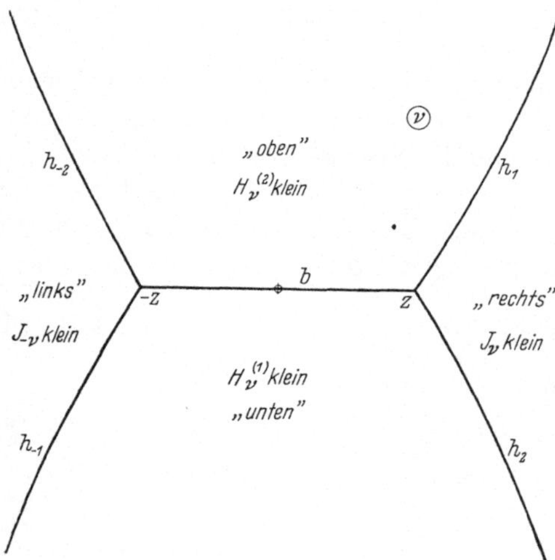

Abb. 7. Nullstellen-Reihen und Verhalten der Zylinderfunktionen bei reellem Argument als Funktion des Index

Die zugehörigen asymptotischen Darstellungen erhält man aus (27) bei richtiger Festsetzung der Vorzeichen zu

$$H_\nu^{(1)}(z) \sim \sqrt{\frac{2}{\pi\sqrt{z^2-\nu^2}}}\; e^{i\sqrt{z^2-\nu^2} - i\nu \arccos\frac{\nu}{z} - i\frac{\pi}{4}}; \tag{38a}$$

$$H_\nu^{(2)}(z) \sim \sqrt{\frac{2}{\pi\sqrt{z^2-\nu^2}}}\; e^{-i\sqrt{z^2-\nu^2} + i\nu \arccos\frac{\nu}{z} + i\frac{\pi}{4}}; \tag{38b}$$

$$J_\nu(z) \sim \frac{1}{\sqrt{2\pi\sqrt{\nu^2-z^2}}}\; e^{\sqrt{\nu^2-z^2} - \nu\, \mathrm{ArCos}\left(\frac{\nu}{z}\right)}. \tag{38c}$$

Die Wurzelvorzeichen sind dabei so zu nehmen, daß sie auf der reellen Achse (für die Hankel-Funktionen bei $\nu < z$, für die Bessel-Funktionen bei $\nu > z$) positiv sind. Dem $\arccos \frac{\nu}{z}$ ist bei $\nu = 0$ der Wert $\frac{\pi}{2}$ zuzuordnen, $\mathfrak{ArCos}\left(\frac{\nu}{z}\right)$ ist für große positive ν positiv zu wählen. Aus (38a) und (38b) entnimmt man, daß in dem oberen Teil des Mittelstreifens $H_\nu^{(2)}$ die kleine Funktion ist, im unteren $H_\nu^{(1)}$. Setzt man die Darstellung (38a) für $H_\nu^{(1)}$ in dem oberen Teile fort, so geht sie bei Überschreiten der Linie h_1 (abgesehen von einem Faktor 2) in die kleine Funktion J_ν gemäß (38c) über, kann also nicht mehr die asymptotische Darstellung von $H_\nu^{(1)}$ sein. Dasselbe passiert, wenn man mit der Darstellung (38b) für $H_\nu^{(2)}$ die Linie h_2 überschreitet. h_1 ist also ein Verzweigungsschnitt für die Darstellung (38a), h_2 ein Verzweigungsschnitt für die Darstellung (38b); sowohl die Wurzel als auch der arcos nehmen entgegengesetztes Vorzeichen an, je nachdem man sich dem Verzweigungsschnitt von der einen oder anderen Seite nähert. Etwas Analoges gilt auch für die Darstellung von J_ν; hierfür ist b ein Verzweigungsschnitt, bei dessen Überschreitung (38c) genau in die asymptotische Darstellung der jeweils kleinen Hankel-Funktionen übergeht. In der Nähe der Verzweigungsschnitte hat man die Summe beider Sattelbeiträge zu nehmen:

$$\text{bei } h_1\colon\ H_\nu^{(1)}(z) \sim \sqrt{\frac{2}{\pi\sqrt{z^2-\nu^2}}}\, 2\,i\,\sin\left(\sqrt{z^2-\nu^2} - \nu \arccos\frac{\nu}{z} - \frac{\pi}{4}\right) \tag{39a}$$

$$\text{bei } h_2\colon\ H_\nu^{(2)}(z) \sim \sqrt{\frac{2}{\pi\sqrt{z^2-\nu^2}}}\, \frac{2}{i}\sin\left(\sqrt{z^2-\nu^2} - \nu \arccos\frac{\nu}{z} - \frac{\pi}{4}\right) \tag{39b}$$

$$\text{bei } b\colon\ J_\nu(z) \sim \sqrt{\frac{2}{\pi\sqrt{z^2-\nu^2}}}\cos\left(\sqrt{z^2-\nu^2} - \nu \arccos\frac{\nu}{z} - \frac{\pi}{4}\right). \tag{39c}$$

Die in der linken Hälfte der Ebene gelegenen Linien h_{-1} und h_{-2} sind Verzweigungsschnitte für die Darstellungen von $H_{-\nu}^{(1)}$ bzw. $H_{-\nu}^{(2)}$, die man aus (38a) und (38b) entnehmen kann, damit aber gleichzeitig für die Darstellungen von $H_\nu^{(1)}$ und $H_\nu^{(2)}$ selbst wegen der Relationen (30). Im linken Teil der Ebene ist $J_{-\nu}$ die kleine Funktion; ihre asymptotische Darstellung entnimmt man aus (38c), indem man ν durch $-\nu$ ersetzt und so $J_{-\nu}$ links auf $J_{+\nu}$ rechts zurückführt. Der Verzweigungsschnitt für diese Darstellung liegt ebenfalls bei b. Mittels (11a) und (30) kann man auch für den linken Teil der ν-Ebene die asymptotische Darstellung von J_ν gewinnen:

$$J_\nu(z) = e^{-i\pi\nu} H_{-\nu}^{(1)} + e^{i\pi\nu} H_{-\nu}^{(2)}. \tag{40}$$

Da die Hankel-Funktionen $H_{-\nu}^{(1)}$ und $H_{-\nu}^{(2)}$ links entgegengesetzt gleich sind, ist oberhalb der imaginären Achse der erste Summand von (40), unterhalb der zweite Summand von (40) exponentiell groß gegenüber dem anderen. Das bedeutet, daß auch hier die Darstellung (38c) der Bessel-Funktion gilt, und daß nicht nur die Strecke b, sondern die gesamte reelle Achse $\nu < z$ der Verzweigungsschnitt dieser Darstellung ist, und (39c) auf diesem gesamten Verzweigungsschnitt gilt.

Indem wir uns weiterhin zuerst für das Verhalten im Unendlichen interessieren, gehen wir in den Formeln (38) zu dem Grenzfall $|\nu| \gg z$ über. Wir erhalten dann in den vier Teilen der Ebene, wenn wir die Umgebung der Linien h_1, h_2, h_{-1}, h_{-2} ausschließen, und die beiden Hankel-Funktionen sowie die Bessel-Funktion jeweils auf die kleine Zylinderfunktion zurückführen, die folgenden asymptotischen Ausdrücke

$$\text{oben:}\quad \begin{aligned} &H_\nu^{(2)}(z) \sim i\sqrt{\frac{2}{\pi\nu}}\left(\frac{2\nu}{e\,z}\right)^\nu \\ &2J_\nu(z) \sim H_\nu^{(1)}(z) \sim \frac{2i}{\pi\nu}\cdot\frac{1}{H_\nu^{(2)}(z)}\,; \end{aligned} \tag{41a}$$

$$\text{unten:}\quad \begin{aligned} &H_\nu^{(1)}(z) \sim -i\sqrt{\frac{2}{\pi\nu}}\left(\frac{2\nu}{e\,z}\right)^\nu \\ &2J_\nu(z) \sim H_\nu^{(2)}(z) \sim \frac{2}{i\pi\nu}\cdot\frac{1}{H_\nu^{(1)}(z)}\,; \end{aligned} \tag{41b}$$

$$\text{rechts:}\quad \begin{aligned} &J_\nu(z) \sim \frac{1}{\sqrt{2\pi\nu}}\left(\frac{e\,z}{2\nu}\right)^\nu \\ &H_\nu^{(1)}(z) \sim -H_\nu^{(2)}(z) \sim \frac{i}{\pi\nu}\cdot\frac{1}{J_\nu(z)}\,; \end{aligned} \tag{41c}$$

$$\text{links:}\quad \begin{aligned} &J_{-\nu}(z) = \frac{1}{\sqrt{-2\pi\nu}}\left(\frac{e\,z}{-2\nu}\right)^{-\nu} \\ &H_\nu^{(2)}(z) \sim \frac{e^{i\pi\nu}}{i\pi\nu}\cdot\frac{1}{J_{-\nu}(z)}\,; \\ &H_\nu^{(1)}(z) \sim \frac{i\,e^{-i\pi\nu}}{\pi\nu}\cdot\frac{1}{J_{-\nu}(z)}\,. \end{aligned} \tag{41d}$$

Wir haben nunmehr das Verhalten des gesamten Integranden von Gl. (32a) im Unendlichen festzustellen. Dabei machen wir mit Vorteil davon Gebrauch, daß der Zähler sich wegen (11a) in folgender Weise schreiben läßt:

$$\begin{aligned} &H_\nu^{(1)}(k\,a)\,H_\nu^{(2)}(k\,r) - H_\nu^{(2)}(k\,a)\,H_\nu^{(1)}(k\,r) \\ &\quad = 2\left(H_\nu^{(1)}(k\,a)\,J_\nu(k\,r) - J_\nu(k\,a)\,H_\nu^{(1)}(k\,r)\right) \\ &\quad = 2\left(J_\nu(k\,a)\,H_\nu^{(2)}(k\,r) - H_\nu^{(2)}(k\,a)\,J_\nu(k\,r)\right). \end{aligned} \tag{42}$$

Weiterhin kann man in (42) wegen Gl. (30) überall an Stelle ν auch $-\nu$ schreiben. Dies gibt die Möglichkeit, in jedem Gebiet der komplexen

ν-Ebene diejenige Form von (42) auszuwählen, in welcher jeder einzelne Summand das Produkt einer großen mit einer kleinen Zylinderfunktion ist. Asymptotisch benimmt sich daher entsprechend den Formeln (41) der Zähler immer wie

$$\sim \pm \frac{2}{i\pi\nu}\left(\left(\frac{r}{a}\right)^{\nu} - \left(\frac{a}{r}\right)^{\nu}\right). \tag{42a}$$

Auf den bisher ausgeschlossenen Verzweigungsschnitten der asymptotischen Darstellungen erhält man an Stelle eines der beiden Summanden zwei Summanden der gleichen Größenordnung, so daß (42a) die Größenordnung von (42) in der gesamten komplexen ν-Ebene richtig angibt. Dieser Ausdruck wird fast überall im Unendlichen groß, doch sorgen die restlichen Faktoren des Integranden von (32a) für Kompensation. Wir untersuchen davon jetzt den Faktor $\frac{H_\nu^{(1)}(k r')}{H_\nu^{(1)}(k a)}$; in Abb. 8 ist sein Verhalten für die verschiedenen Teile der komplexen Ebene eingezeichnet. An den Verzweigungsschnitten der beiden Hankel-Funktionen wechselt die Darstellung, doch ist der Anschluß stetig. Auf der positiven wie auf der negativen reellen Achse ist dabei der reelle Hauptwert zu nehmen. Der gesamte Integrand von (32a) wird

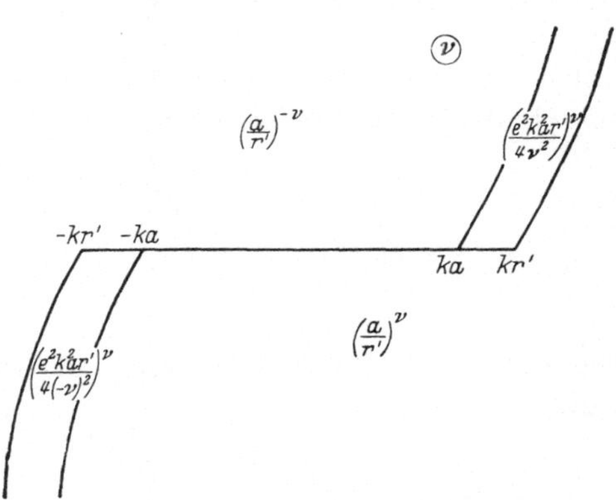

Abb. 8. Asymptotisches Verhalten von $H_\nu^{(1)}(kr')/H_\nu^{(2)}(ka)$

$$\sim \pm \frac{\varepsilon}{4\pi\nu}\, e^{-(|\nu_y| \pm i\nu_x)\varphi}\, \frac{H_\nu^{(1)}(k r')}{H_\nu^{(1)}(k a)}\left(\left(\frac{r}{a}\right)^{\nu} - \left(\frac{a}{r}\right)^{\nu}\right). \tag{43}$$

Legen wir den Winkelbereich von φ fest auf

$$0 < \varphi \leq \pi, \tag{44}$$

wobei die Primärrichtung ausgeschlossen bleibt, so ist sowohl im rechten unteren wie im linken oberen Teil der komplexen Ebene (Abb. 8) an dem exponentiellen Verschwinden des Ausdrucks (43) kein Zweifel. Dies gilt auch für das Gebiet zwischen h_1 und der positiv imaginären bzw. h_{-1} und der negativ imaginären Achse. Dort ist nämlich ν_y von unendlich viel größerem Betrage als ν_x, infolgedessen überwiegt in jedem Falle das exponentielle Verschwinden der Winkelfunktion. Eine nähere Untersuchung dagegen verdienen die beiden Zwischenstreifen; da der gesamte Integrand von (32a) beim Übergang von ν nach $-\nu$

gemäß (30) nur das Vorzeichen wechselt, genügt die Untersuchung des rechten oberen Zwischenstreifens. Dort ist der erste Summand der rechten Klammer von (43) der größere und damit wird der gesamte Integrand von folgender Größenordnung

$$\sim \frac{\varepsilon}{4\pi\nu} e^{-\nu_y \varphi} \left(\frac{e^2 k^2 r r'}{4\nu^2}\right)^{\nu}. \tag{43a}$$

Führen wir für ν Betrag und Phase ein

$$\nu = t\, e^{i\left(\frac{\pi}{2} - \alpha\right)} \sim t\,(i + \alpha), \tag{45}$$

wobei α in dem betrachteten Streifen gegen null konvergiert, so folgt aus (43a) für die Größenordnung des Integranden (43):

$$\sim \frac{\varepsilon}{4\pi t} e^{t(\pi - \varphi)} \left(\frac{k^2 r r'}{4t^2}\right)^{\alpha t} \tag{43b}$$

$$= \frac{\varepsilon}{4\pi t} e^{t\left(\pi - \varphi - 2\alpha \log \frac{2t}{k\sqrt{r r'}}\right)}.$$

Die Bedingung dafür, daß dieser Ausdruck für $t \to +\infty$ klein wird, lautet

$$t > \frac{k\sqrt{r r'}}{2} e^{\frac{\pi - \varphi}{2\alpha}}. \tag{46}$$

Nach (37) ist aber in dem Zwischenstreifen überall

$$t = |\nu| \geq \frac{k a}{2} e^{\frac{\pi}{2\alpha}} \tag{47}$$

und dieser Ausdruck erfüllt — gleich um wieviel r und r' größer sind als a — wegen der Voraussetzung (44) bestimmt für hinreichend kleines α die Gl. (46). Damit ist das exponentielle Verschwinden des Integranden von (32a) in der gesamten komplexen Ebene garantiert, ausgenommen die in Abb. 8 eingezeichneten Verzweigungsschnitte. Der Verzweigungsschnitt von $H_\nu^{(1)}(k r')$ ist ebenfalls ungefährlich, da dort lediglich zwei Summanden gleicher Größenordnung an Stelle des einen in Abb. 8 eingezeichneten in den Zähler des Integranden gelangen. Auf h_1 schließlich gilt die Darstellung (39a), wobei das Argument des sin reell ist. Der sin schwankt also beim Fortschreiten auf h_1 zwischen $+1$ und -1 und nimmt dazwischen auch den Wert null an. Auf den Linien h_1 und h_{-1} liegen die Nullstellen der Hankel-Funktionen $H_\nu^{(1)}(ka)$. Führt man den Integrationsweg bei sehr großem $|\nu|$ in der Mitte zwischen zwei Nullstellen hindurch — wo also der sin von (39a) den Betrag von $+1$ oder -1 hat — so erhält man auch dort keinen Beitrag zu dem Integral (32a).

Die Nullstellen der Hankel-Funktion $H_\nu^{(1)}(ka)$ sind Pole des Integranden von (32a); ihre Lage ist schematisch in Abb. 9 dargestellt. Wegen

(30) liegen genau gegenüber auch auf h_{-1} Nullstellen. Unter Vermeidung dieser Nullstellen kann nun der Integrationsweg beliebig verbogen werden, und zwar soll dies in der in Abb. 9 eingezeichneten Weise geschehen. Der Beitrag der durch den Nullpunkt gelegten Geraden verschwindet wegen des ungeraden Charakters des Integranden, ebenso verschwindet der Beitrag der im Unendlichen geschlagenen Kreisbögen, und es bleibt allein das Umlaufsintegral um die auf h_1 gelegenen Polstellen, mit anderen Worten, das $-2\pi i$-fache der Residuen oder

$$G = \frac{i\,\pi\,\varepsilon}{4} \sum_{l=1}^{\infty} \frac{\cos \nu_l (\pi - \varphi)}{\sin \bar{\nu}_l \pi} H_{\bar{\nu}_l}^{(1)}(k\,r')\, H_{\bar{\nu}_l}^{(1)}(k\,r) \cdot \frac{H_{\nu_l}^{(2)}(ka)}{\frac{\partial}{\partial \nu} H_\nu (ka)/\bar{\nu}_l}. \tag{48}$$

Damit ist die Reihe (31) für ideale Leitfähigkeit und den zweiten Polarisationsfall umgeformt in die Watsonsche Reihe, welche nicht nach ganzzahligen n, sondern nach der Folge komplexer ν_l fortschreitet, für welche gilt

$$H_{\bar{\nu}_l}^{(1)}(ka) = 0. \tag{49}$$

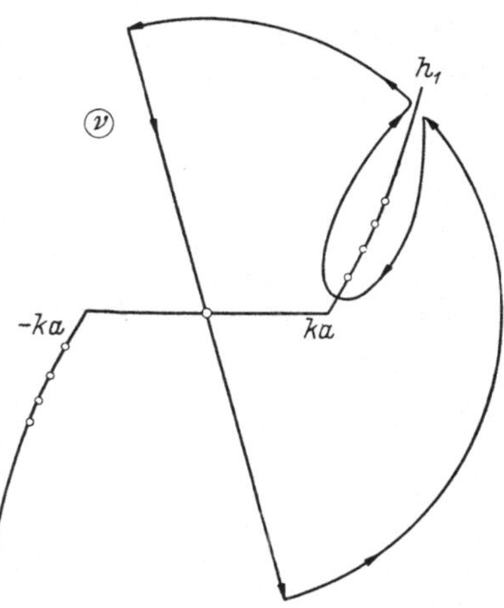

Abb. 9. Verlegung des Integrationsweges bei der Watson-Transformation

Für den anderen Polarisationsfall ist in (32) $B_\nu = \dfrac{H_\nu^{(2)\prime}(ka)}{H_\nu^{(1)\prime}(ka)}$; an dem gesamten Verlauf der Watson-Transformation wie an der Abschätzung für das Verhalten im Unendlichen ändert sich nichts, und die Watson-Reihe für die Greensche Funktion wird

$$G = \frac{i\,\pi\,\varepsilon}{4} \sum_{l} \frac{\cos \nu_l (\pi - \varphi)}{\sin \nu_l \pi} H_{\nu_l}^{(1)}(k\,r')\, H_{\nu_l}^{(1)}(k\,r) \frac{H_{\nu_l}^{(2)\prime}(ka)}{\frac{\partial}{\partial \nu} H_\nu^{(1)\prime}(ka)/\nu_l}. \tag{48a}$$

Die Summe läuft diesmal über die Lösungen von

$$H_{\nu_l}^{(1)\prime}(k\,a) = 0, \tag{49a}$$

welche ebenfalls auf der Linie h_1 liegen, und zwar jeweils zwischen je zwei Lösungen von (49). Auf den Fall beliebigen Materials kommen wir später zurück und untersuchen zunächst die physikalische Natur der „Residuenwellen" von Gln. (48) und (48a).

14. Diskussion der Residuenwellen

Die Natur der aus den Residuen entstandenen Summanden von (48) oder (48a) ist am einfachsten aus den Phasenverhältnissen zu erkennen. Mittels der asymptotischen Darstellung (38a) für die Hankel-Funktionen von $k\,r'$ und $k\,r$ ergibt sich aus (48a) bis auf einen konstanten und von ν_l nur schwach abhängigen Faktor das folgende Verhalten

$$\frac{1}{\sqrt{r\,r'}}\,e^{i\left(\sqrt{k^2r^2-\nu_l^2}+\sqrt{k^2r'^2-\nu_l^2}\right)}\left\{e^{i\nu_l\left(2\pi-\varphi-\arccos\frac{\nu_l}{kr}-\arccos\frac{\nu_l}{kr'}\right)}\right.$$
$$\left.+\,e^{i\nu_l\left(\varphi-\arccos\frac{\nu_l}{kr}-\arccos\frac{\nu_l}{kr'}\right)}\right\}. \tag{50}$$

Wir betrachten nun den Anfang der Watsonschen Reihe; dafür liegt ν_l in der Nähe von ka. Wäre ν_l genau gleich ka, so wären die

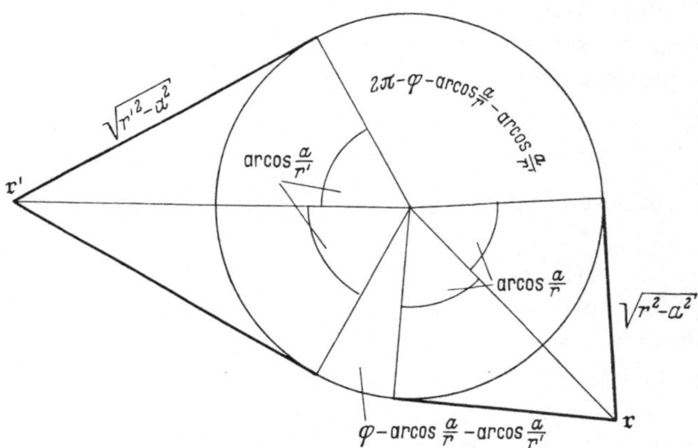

Abb. 10. Laufwege der Kriechwellen

Phasenfaktoren der beiden Summanden von (50), wie aus Abb. 10 zu ersehen ist, gerade diejenigen Phasenänderungen, welche ein Strahl erleiden würde, welcher von $\mathfrak{r}'$ kommend den Kreis vom Radius a tangierend trifft und dann längs des Kreisbogens weiterläuft, um tangierend wieder zum Punkte $\mathfrak{r}$ auszulaufen. Dabei ist der gemeinsame Exponentialfaktor vor der geschweiften Klammer den beiden geradlinigen Stücken dieses Weges zuzuschreiben, der Phasenfaktor in der geschweiften Klammer der „Kriechstrecke" auf dem Kreis. Berücksichtigt man, daß ν_l nicht genau bei ka liegt, sondern etwas in die positive imaginäre Halbebene hinein verschoben ist, so wirkt sich dies in erster Näherung weder auf die Wurzel noch auf den arcos aus, sondern verändert lediglich die Phase auf den Kriechstrecken ein wenig, und der imaginäre Anteil insbesondere bringt eine Dämpfung. Man erkennt hieraus, daß die Residuenwellen von ganz anderer Art sind, als man es von der Wellenausbreitung der geometrischen Optik gewohnt ist. Sie entsprechen den Wellen, welche bei der drahtlosen Telegraphie der gekrümmten Erdoberfläche entlanglaufen; dementsprechend besitzen sie in der Theorie der drahtlosen Telegraphie seit langem Heimatrecht [Watson 1918, van der Pol und Bremmer 1937]. Auf ihre Bedeutung für die Theorie der Beugung im engeren Sinne wiesen neuerdings Franz und Deppermann [1952] hin, nachdem sie diese „Kriechwellen" aus der Integralgleichungstheorie der Beugung abgeleitet hatten (s. Ziffer 21). — Da der Imaginärteil von ν_l beim Fortschreiten auf h_1 zunimmt, sind die Wellen (50) zunehmend stärker gedämpft und dadurch ist die gute Konvergenz der Watsonschen Reihen für große ka gesichert, wenn die beiden in (50) auftretenden Kriechstrecken positiv sind; dies ist aber nur dann der Fall, wenn $\mathfrak{r}$ und $\mathfrak{r}'$ geometrisch für einander unsichtbar bleiben. Wird φ kleiner als $\arccos\frac{\nu_l}{k\,r} + \arccos\frac{\nu_l}{k\,r'}$, so werden $\mathfrak{r}$ und $\mathfrak{r}'$ geometrisch für einander sichtbar und der zweite Summand in (50) entspricht einer negativen Kriechstrecke und damit einem von Glied zu Glied in der Watsonschen Summe anwachsenden Betrag. Nimmt man das Phänomen der Kriechwellen physikalisch ernst, so kann $\varphi - \arccos\frac{\nu_l}{k\,r} - \arccos\frac{\nu_l}{k\,r'}$ nicht die wirkliche Kriechstrecke sein; die Kriechwelle muß vielmehr erst einmal um den ganzen Kreis herumlaufen, bevor sie tangentiell nach $\mathfrak{r}$ abstrahlen kann. Man erwartet also im zweiten Summanden von (50) an Stelle von φ im Exponenten die Größe $2\pi + \varphi$. Gehen wir zurück zu Gl. (48), so bedeutet das, daß wir im „Sichtbarkeitsgebiet" an Stelle des cos die folgende Funktion erwarten möchten

$$\cos\nu\,(\pi - \varphi) \to e^{i\nu\pi}\cos\nu\,\varphi\,. \tag{51}$$

In dieser Gestalt ergibt sich die Residuensumme automatisch bei der Integralgleichungsmethode von Ziffer 21; allerdings bleibt im Sichtgebiet außerdem ein geometrischer Wellenanteil, bestehend aus der Primärwelle und einer reflektierten Welle, übrig. Es liegt daher nahe, in (48) eine ähnliche Aufspaltung zu versuchen, also von $\cos\nu\,(\pi - \varphi)$ die rechte Seite von (51) abzutrennen. Bildet man die Differenz der beiden Größen (51), so gelangt man zu der Identität

$$\cos\nu\,(\pi - \varphi) = e^{i\nu\pi}\cos\nu\,\varphi - i\,e^{i\nu\varphi}\sin\nu\,\pi\,. \tag{52}$$

Geht man mit dieser Aufspaltung in (32a) ein, und verwandelt nur den ersten Summanden in die Residuensumme, während der zweite als Umlaufintegral um die Polreihe stehen bleibt, so erhält man für das

Sichtgebiet den folgenden Ausdruck für die Greensche Funktion

$$G = \frac{i\pi\varepsilon}{4} \sum_l \frac{\cos\bar{\nu}_l\varphi}{\sin\bar{\nu}_l\pi} e^{i\bar{\nu}_l\pi} H^{(1)}_{\bar{\nu}_l}(kr') H^{(1)}_{\bar{\nu}_l}(kr) \frac{H^{(2)}_{\bar{\nu}_l}(ka)}{\frac{\partial}{\partial\nu} H^{(1)}_{\nu}(ka)/\bar{\nu}_l}$$

$$- \frac{i\varepsilon}{8} \oint d\nu\, e^{i\nu\varphi} H^{(1)}_{\nu}(kr') H^{(1)}_{\nu}(kr) \frac{H^{(2)}_{\nu}(ka)}{H^{(1)}_{\nu}(ka)}. \tag{53}$$

Die Abspaltung hat rein mathematisch gesehen den Vorteil, daß nunmehr im Sichtgebiet die Residuensumme ebenfalls vom Anfang an exponentiell abnimmt; würden wir dort Gl. (48) verwenden, so bekämen wir zunächst ein sehr starkes Ansteigen der Reihenglieder, was die Watsonsche Reihendarstellung praktisch unbrauchbar macht. An der Konvergenz der Reihe besteht auch im Sichtgebiet kein Zweifel; sie folgt einfach daraus, daß der Beitrag des Unendlichen zum Integral verschwindet, wenn man den Weg nur mitten zwischen den Polstellen hindurchführt. Den Integralanteil von (53) wollen wir in der folgenden Ziffer untersuchen und zunächst noch kurz besprechen, in welcher Weise die Zahlenkoeffizienten der Kriechwellenausdrücke (48) oder (53) zu berechnen sind. In ihnen kommen die Hankel-Funktionen vom Argument $k\,a$ vor, und diese können, da ν ganz in der Nähe von ka liegt, nicht aus den asymptotischen Formeln (38) und (39) entnommen werden; die beiden Sattelpunkte von Gl. (12) fallen dann nämlich nahezu zusammen, so daß sich ihre Beiträge nicht mehr trennen lassen. In den Gln. (38) und (39) kommt dieser Umstand in dem Faktor $\frac{1}{(z^2-\nu^2)^{\frac{1}{4}}}$ zum Ausdruck, welcher für $z \to \nu$ nach unendlich strebt.

Für $z = \nu$ fallen die beiden Sattelpunkte genau im Punkte $\chi_s = \frac{\pi}{2}$ zusammen, für z ungefähr gleich ν entwickelt man zweckmäßigerweise den Integranden ebenfalls um $\chi = \frac{\pi}{2}$, obwohl dies dann nicht mehr genau der Sattelpunkt ist. Die Entwicklung des Exponenten von Gl. (8) ergibt dabei

$$i\,z\cos\chi + i\,\nu\left(\chi - \frac{\pi}{2}\right) = i\,(\nu - z)\left(\chi - \frac{\pi}{2}\right) + i\,z\,\frac{\left(\chi - \frac{\pi}{2}\right)^3}{6} \cdots.$$

Damit entsteht aus (8) zunächst

$$Z_\nu(z) \sim \frac{1}{\pi} \int_S d\chi\, e^{i(\nu - z)\left(\chi - \frac{\pi}{2}\right) + iz\frac{\left(\chi-\frac{\pi}{2}\right)^3}{6}}. \tag{54}$$

In kleinem Abstand von $\frac{\pi}{2}$ überwiegt der erste Summand des Exponenten, im großen Abstand der zweite. Wegen der dritten Potenz von $\chi - \frac{\pi}{2}$ in diesem Glied führen drei Täler und drei Berge von dem Punkt $\frac{\pi}{2}$ weg, und zwar hat man Täler in den Richtungen, in welchen der Imaginärteil von $\left(\chi - \frac{\pi}{2}\right)^3$ positiv ist, Berge in den Richtungen, in welchen er negativ ist. Die Winkelbereiche, in welchen die Täler verlaufen, sind in Abb. 11 schraffiert eingezeichnet. Die ganze Abbildung ist dabei als ein vergrößerter Ausschnitt der näheren Umgebung des Sattelpunktes entsprechend Abb. 4 aufzufassen, wobei die beiden Sattelpunkte in $\frac{\pi}{2}$ zusammengerückt sind und die Wegübergänge für die drei Zylinderfunktionen $H_\nu^{(1)}$, $H_\nu^{(2)}$ und J_ν in der in Abb. 11 eingezeichneten Weise je zwei der Täler miteinander verbinden. Wir können dementsprechend als Integrationsgrenzen in die Näherungsformel (54) die folgenden einsetzen

$$\begin{aligned} &H_\nu^{(1)}: -e^{-i\frac{\pi}{3}}\infty \to e^{-i\frac{\pi}{3}}\infty \\ &H_\nu^{(2)}: -e^{i\frac{\pi}{3}}\infty \to e^{i\frac{\pi}{3}}\infty \\ &2J_\nu: -\infty \to +\infty\,. \end{aligned} \tag{55}$$

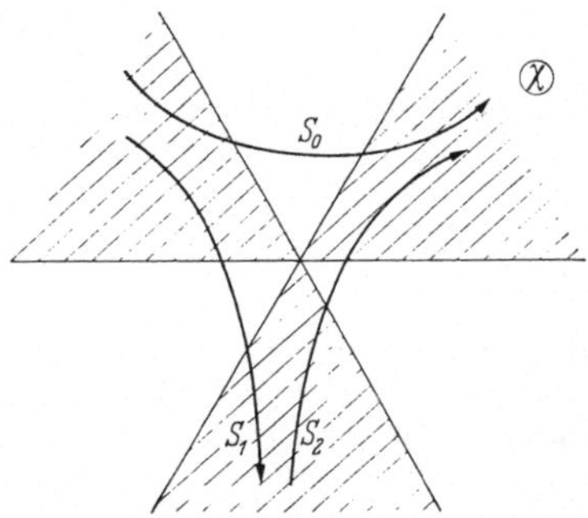

Abb. 11. Wegübergänge für die asymptotischen Darstellungen der Zylinderfunktionen, wenn $\nu \approx z$

Führt man folgende neue Variable ein

$$\tau = \left(\frac{z}{6}\right)^{\frac{1}{3}} \left(\chi - \frac{\pi}{2}\right) \begin{cases} e^{i\frac{\pi}{3}} \\ e^{-i\frac{\pi}{3}} \\ -1 \end{cases},$$

so ergibt sich

$$\begin{aligned} H_\nu^{(1)}(z) &\sim \frac{2}{\pi} e^{-i\frac{\pi}{3}} \left(\frac{6}{z}\right)^{\frac{1}{3}} A(q^1)\,; \\ H^{(2)}(z) &\sim \frac{2}{\pi} e^{i\frac{\pi}{3}} \left(\frac{6}{z}\right)^{\frac{1}{3}} A(q^2)\,; \\ 2J_\nu(z) &\sim \frac{2}{\pi}\left(\frac{6}{z}\right)^{\frac{1}{3}} A(q^0)\,. \end{aligned} \tag{56}$$

Hierin ist

$$
\begin{aligned}
q^1 &= e^{-i\frac{\pi}{3}} \left(\frac{6}{z}\right)^{\frac{1}{3}} (\nu - z) \\
q^2 &= e^{i\frac{\pi}{3}} \left(\frac{6}{z}\right)^{\frac{1}{3}} (\nu - z) \\
q^0 &= -\left(\frac{6}{z}\right)^{\frac{1}{3}} (\nu - z) \,,
\end{aligned}
\tag{57}
$$

und $A(q)$ ist die Abkürzung für das Airysche Integral

$$
A(q) \equiv \frac{1}{2} \int_{-\infty}^{+\infty} d\tau \, e^{i(q\tau - \tau^3)} = \int_0^{\infty} d\tau \cos(\tau^3 - q\,\tau) \,. \tag{58}
$$

Es genügt der Differentialgleichung

$$
A''(q) + \frac{q}{3} A(q) = 0 \,, \tag{59}
$$

die man unmittelbar aus

$$
\int_{-\infty}^{+\infty} d\,(e^{iq\tau - i\tau^3}) = 0
$$

erhält.

Die Nullstellen der Hankel-Funktionen stimmen asymptotisch mit denen des Airy-Integrals, die ihrer Ableitung mit denen von $A'(q)$ überein. Man hat also

$$
\begin{aligned}
\nu_l &\sim z + \left(\frac{z}{6}\right)^{\frac{1}{3}} e^{i\frac{\pi}{3}} q_l \,, \\
\bar{\nu}_l &\sim z + \left(\frac{z}{6}\right)^{\frac{1}{3}} e^{i\frac{\pi}{3}} \bar{q}_l \,,
\end{aligned}
\tag{60}
$$

wo q_l und q_l sich bestimmen als die Nullstellen von

$$
A'(q_l) = 0; \qquad A(\bar{q}_l) = 0 \,. \tag{61}
$$

Die ersten fünf Nullstellen der beiden Funktionen sowie der Wert der jeweils anderen an der Nullstelle sind in Tab. 1 angegeben.

Tabelle 1. Nullstellen des Airyintegrals und seiner Ableitung

l	q_1	$A(q_1)$	$\bar{q}_1$	$A'(q_1)$
1	1,469354	1,16680	3,372134	− 1,05905
2	4,684712	− 0,91272	5,895843	1,21295
3	6,951786	0,82862	7,962025	− 1,30673
4	8,889027	− 0,77962	9,788127	1,37568
5	10,632519	0,74562	11,457423	− 1,43078

Um die Zahlenkoeffizienten der Gln. (48) und (48a) zu bestimmen, führt man bequemerweise die Hankel-Funktion $H_\nu^{(2)}$ und ihre Ableitung $H_\nu^{(2)\prime}$ mittels der Wronskischen Determinantenbeziehung auf $H_\nu^{(2)}$ zurück, oder asymptotisch $A(q^2)$ auf $A(q^1)$ bzw. die Ableitung. Die drei Airy-Integrale $A(q^1)$, $A(q^2)$ und $A(q^0)$ sind nämlich alle drei gleichzeitig Lösungen von (59), gleichgültig, ob man dort q mit q^1, q^2, q^0 identifiziert. Aus (59) folgt, daß die Wronski-Determinante $A_1 A_2' - A_1' A_2$ zweier Lösungen eine Konstante ist, deren Wert man durch Reihenentwicklung im Nullpunkt leicht ermitteln kann. Man erhält so die Beziehung

$$e^{\frac{2\pi}{3}i} A(q^1)\, A'(q^2) - A'(q^1)\, A(q^2) = -\frac{\pi}{6} e^{-i\frac{\pi}{6}}. \qquad (62)$$

Nimmt q^1 die Werte q_1 oder q_1 an, so fällt nach (61) jeweils einer der Summanden der linken Seite von (62) fort. Für die Kriechwellen von (48) bzw. von (48a) erhält man unter Benützung der Zahlenwerte von Tab. 1 für den Kriechwellenanteil von Formel (53) den folgenden Ausdruck

$$\begin{aligned} G_{kr} \sim G_0 (k\sqrt{r'^2 - a^2}) \frac{(k\,a)^{1/3}}{\sqrt{2k\sqrt{r^2-a^2}}} e^{ik\sqrt{r^2-a^2} + i\frac{\pi}{12}} \\ \sum_l C_l \frac{e^{i\nu_l(\varphi+\pi)} + e^{i\nu_l(\pi-\varphi)}}{1 - e^{2\pi i \nu_l}} \cdot e^{i\nu_l(\arcsin a/r + \arcsin a/r')}. \end{aligned} \qquad (63)$$

Die Koeffizienten C_l nehmen dabei die in Tab. 2 angegebenen Werte an.

Tabelle 2. Koeffizienten der Kriechwellen

l	C_1	C_1
1	1,53187	0,91072
2	0,78520	0,69427
3	0,64199	0,59820
4	0,56719	0,53974
5	0,51840	0,49897

15. Diskussion der geometrischen Welle

Das Restintegral in (53), welches die geometrische Welle enthalten muß, unterscheidet sich von dem Integral (32a) wesentlich dadurch, daß der Nenner $\sin \nu\pi$ verschwunden ist, daß also auf der reellen Achse keine Polstellen mehr liegen und daher der Weg über diese Achse frei verschoben werden kann. Dies macht für große Werte von ka eine Auswertung nach der Sattelpunktsmethode möglich. Der Integrand ist beiderseits der Polreihe (s. Abb. 12) im Unendlichen klein, in der gesamten negativ imaginären Halbebene dagegen wird er groß, wie man mittels der asymptotischen Darstellung (41) leicht einsieht, ausgenommen ist davon lediglich die sehr kleine Umgebung der einzelnen Nullstellen von $H_\nu^{(2)}(ka)$. Zwischen den Tälern beiderseits der Polreihe und der ersten Nullstelle gibt es je einen Paßweg, über dessen Sattelpunkt das Integral zu führen ist. Der linke Sattel liegt auf der reellen Achse links von ka; dort gilt für sämtliche Hankel-Funktionen in (53) die Darstellung (38a, b), und daher ist asymptotisch das Verhalten des Integranden bestimmt durch die Exponentialfunktion

$$e^{i\left(\nu\varphi - 2\sqrt{k^2a^2-\nu^2} + 2\nu \arccos\frac{\nu}{ka} + \sqrt{k^2r^2-\nu^2} - \nu \arccos\frac{\nu}{kr} + \sqrt{k^2r'^2-\nu^2} - \arccos\frac{\nu}{kr'}\right)}. \tag{64}$$

Der Sattelpunkt liegt dort, wo die Ableitung des Exponenten verschwindet, d. h. bei

$$\arccos\frac{\nu_s}{k\,r'} + \arccos\frac{\nu_s}{k\,r} = 2\arccos\frac{\nu_s}{k\,a} + \varphi. \tag{65}$$

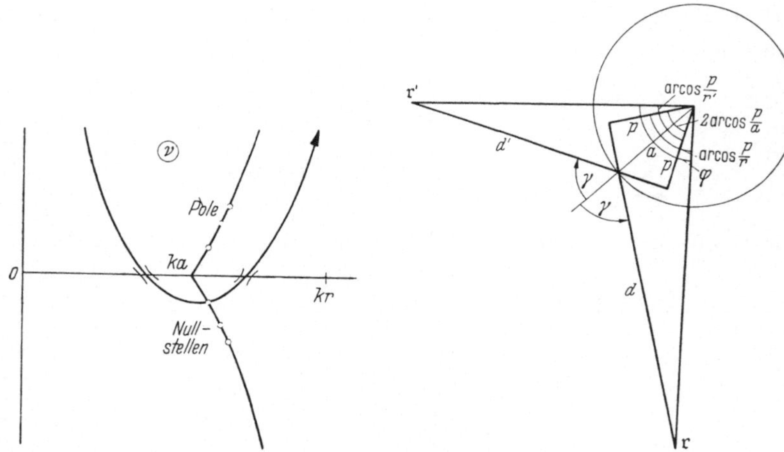

Abb. 12. Weg für die Integraldarstellung der geometrischen Welle

Abb. 13. Laufweg der reflektierten Welle

Diese Gleichung hat eine einfache geometrische Bedeutung, welche aus Abb. 13 zu entnehmen ist. Zeichnet man den Strahl ein, welcher geometrisch vom Punkte $\mathfrak{r}'$ zum Punkte $\mathfrak{r}$ reflektiert wird, so erkennt man leicht, daß sein Abstand $p = a \cdot \sin\gamma$ (γ gleich Reflexionswinkel) vom Nullpunkt — gleichermaßen vor und nach der Reflexion — gerade der Gleichung genügt, welche in (65) für $\frac{\nu_s}{k}$ aufgestellt ist. Man hat also

$$\nu_s = k\,p. \tag{65a}$$

Am Sattelpunkt bleibt von dem Exponenten in (64) nichts stehen als die drei Wurzeln, und diese ergeben, wie Abb. 13 zeigt, gerade den

k-fachen Laufweg des geometrisch reflektierten Strahles. Führt man die beiden geradlinigen Teile dieses Weges als Abkürzungen ein,

$$d \equiv \sqrt{r^2 - p^2} - \sqrt{a^2 - p^2}; \quad d' \equiv \sqrt{r'^2 - p^2} - \sqrt{a^2 - p^2}, \qquad (66)$$

so wird der geometrische Anteil aus der Umgebung dieses Sattelpunktes (der Integrand ist um diesen Punkt zu entwickeln)

$$G_{\text{refl.}} \sim -\frac{i\varepsilon}{8} \cdot \frac{2}{\pi k} \cdot \frac{e^{ik(d+d')}}{(r'^2 - p^2)^{1/4}(r^2 - p^2)^{1/4}} \times$$

$$\times \int d\nu\, e^{-\frac{i}{k}\left(\frac{2}{\sqrt{a^2-p^2}} - \frac{1}{\sqrt{r'^2-p^2}} - \frac{1}{\sqrt{r^2-p^2}}\right) \cdot \frac{(\nu-\nu')^2}{2}}.$$

Wegen $\int\limits_{-\infty}^{+\infty} e^{-x^2} dx = \sqrt{\pi}$ entsteht daraus

$$G_{\text{refl.}} \sim -\frac{i\varepsilon}{4\sqrt{\pi k}} \sqrt{\frac{2 \cdot \sqrt{a^2 - p^2}}{2d\,d' + \sqrt{a^2 - p^2}\,(d + d')}}\; e^{ik(d+d') - i\frac{\pi}{4}}. \qquad (67)$$

Diesen asymptotischen Ausdruck höchster Näherung für die reflektierte Welle liefert auch die geometrische Optik.

Nunmehr suchen wir den rechten Sattelpunkt von Abb. 12 auf. Um ihn zu erreichen, muß man den Verzweigungspunkt $z = \nu$ der asymptotischen Darstellungen bei $H_\nu^{(1)}(ka)$ und $H_\nu^{(2)}(ka)$ in verschiedenen Richtungen umgehen, daher werden diese beiden Funktionen bis auf einen exponentiell kleinen Zusatz (die Bessel-Funktion) entgegengesetzt gleich. An Stelle von (64) hat man daher im Integranden den Exponentialfaktor

$$e^{i\left(\nu\varphi + \sqrt{k^2r^2 - \nu^2} - \nu \arccos\frac{\nu}{kr} + \sqrt{k^2r'^2 - \nu^2} - \nu \arccos\frac{\nu}{kr'}\right)}. \qquad (68)$$

Der Sattelpunkt wird nunmehr festgelegt durch die Bedingung

$$\arccos\frac{\nu_s}{k\,r'} + \arccos\frac{\nu_s}{k\,r} = \varphi. \qquad (69)$$

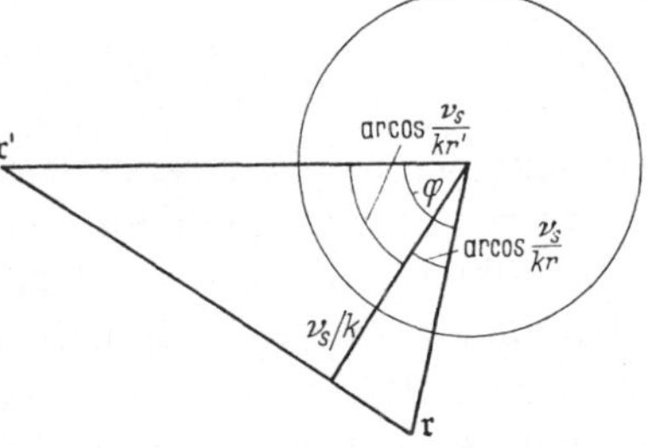

Abb. 14. Laufweg der Primärwelle

Wie man aus Abb. 14 ersieht, ist $\frac{\nu_s}{k}$ das Lot vom Nullpunkt auf die Verbindungslinie $(\mathfrak{r}, \mathfrak{r}')$; allerdings ist bei der richtigen, nämlich positiven, Vorzeichenfestsetzung für die beiden arcos nur der Fall zugelassen, bei welchem die Strecke für $(\mathfrak{r}, \mathfrak{r}')$ durch das Lot innen geteilt wird. Nimmt φ ab bis auf den Wert $\arccos\frac{r}{r'}$, dann wandert der Sattelpunkt nach kr, bei noch kleineren Winkeln wird der Integrand in der positiv imaginären Halbebene weiter angehoben, in der negativ imaginären gesenkt, und deshalb wandert der Sattelpunkt gegen die erste Nullstelle von $H_\nu^{(1)}(kr)$ zu. Der Weg ist dann von Nullstelle zu Nullstelle über eine unendliche Folge von Sattelpunkten zu führen. Für $\varphi > \arccos \frac{r}{r'}$ ergibt sich jedenfalls am Sattelpunkt gerade das Verhalten der Primärwelle, da die Summe der beiden Wurzeln in (68) gleich dem Abstande $(\mathfrak{r}, \mathfrak{r}')$ ist. Daß in der Tat der Beitrag der Sattelpunkte rechts von kr stets die Primärwelle liefert, sieht man durch eine einfache Umformung des strengen Ausdrucks für die Primärwelle. Wir entnehmen diesen aus dem ersten Summanden von (32) [beachte Gl. (10)]

$$G_0 = \frac{\varepsilon}{4} \int_C d\nu \frac{\cos \nu (\pi - \varphi)}{\sin \nu \pi} H_\nu^{(1)}(kr') J_\nu (kr) . \tag{70}$$

Der Weg C ist zunächst wie in Abb. 6 gelegt. Man kann ihn jedoch in die beiden Nullstellenreihen h_1, h_{-1} von $H_\nu^{(1)}(z)$ für beliebiges positives z verlegen; auf h_1 sind $H_\nu^{(1)}$ wie J_ν wenig veränderlich, und auf h_{-1} ist $H_\nu^{(1)}$ klein wie $e^{-i\nu\pi}$, J_ν groß wie $e^{i\nu\pi}$; der kleine Winkelfaktor gibt in jedem Falle den Ausschlag. Schreibt man den Integranden folgendermaßen um

$$\frac{1}{2 \sin \nu \pi} e^{i\nu(\varphi - \pi)} H_\nu^{(1)}(kr') J_\nu(kr) + \frac{1}{2 \sin \nu \pi} e^{i\nu(\pi - \varphi)} H_\nu^{(1)}(kr') J_\nu (kr),$$

so kann man im zweiten Summanden wegen der Symmetrie des Integrationsweges ν durch $-\nu$ ersetzen:

$$\frac{1}{2 \sin \nu \pi} e^{i\nu(\varphi - \pi)} \left(H_\nu^{(1)}(kr') J_\nu(kr) - H_{-\nu}^{(1)}(kr') J_{-\nu}(kr)\right) .$$

Unter Verwendung von (11a) und (30) ergibt sich damit an Stelle von (70)

$$G_0 = \frac{i\varepsilon}{8} \int d\nu \, e^{i\nu\varphi} H_\nu^{(1)}(kr') H_\nu^{(1)}(kr) . \tag{71}$$

Das Vorzeichen wurde dabei gewechselt; der Weg soll dementsprechend in geänderter Richtung durchlaufen werden, also von h_{-1} kommen und nach h_1 führen. Der Integrand gleicht nunmehr vollständig dem des zweiten Summanden von (53) für diejenigen Gebiete, in welchen $H_\nu^{(1)}(ka)$ etwa gleich $- H_\nu^{(2)}(ka)$ ist. Der Weg allerdings ist nicht genau derselbe; doch führt er in beiden Fällen über die auf der positiv reellen Achse oder auf h_1 gelegenen Sattelpunkte. Damit ist gezeigt, daß in der Tat diese Sattelbeiträge stets asymptotisch die Primärwelle liefern, und der Integralanteil von (53) gleichzeitig die primäre und die reflektierte Welle enthält.

16. Watson-Transformation für transparentes Material

Lassen wir beliebige Werte für ε und μ zu und kehren dementsprechend zu Gl. (32) zurück, so haben wir an der gesamten Diskussion der Watson-Transformation, der Kriechwellen und der geometrischen Anteile nur sehr wenig zu ändern. Das Verhalten im Unendlichen bleibt für die diskutierten Integrale im wesentlichen dasselbe. Die Polreihe wird von der Linie h_1 auf eine in der Nähe gelegene Linie von ähnlichem Verlauf verschoben, doch treten zusätzlich Pole in der Umgebung der Nullstellenreihe von $J_\nu(k_i a)$ auf (für reelle Brechungsindices wenig oberhalb der reellen Achse gelegen); sie entsprechen Wellen, welche einen den normalen Kriechwellen ähnlichen Charakter haben, jedoch das Innere des Zylinders durchsetzen. Für stark absorbierende Medien sind sie deshalb bedeutungslos, für transparentes Material tragen sie, sofern sie in Phase sind und sich nicht durch Interferenz gegenseitig vernichten, zur Linsenwirkung der Kugel und zu den Regenbögen bei. Gehen wir genau wie früher vor, so fällt der Anteil des in Abb. 9 symmetrisch durch den Nullpunkt gelegten Integrationsweges nicht fort; immerhin ergibt sich aber, wenn man die Symmetrie des Weges ausnützt, um den Integranden zu ersetzen durch den Mittelwert für die Argumente $+\nu$ und $-\nu$, ein Integral, welches — analog zu dem geometrischen Anteil von (53) — von dem Nenner $\sin\nu\pi$ frei, also ohne Polstellen auf der reellen Achse ist. Der gesamte Ausdruck für die Greensche Funktion für zwei außerhalb des Kreises gelegene Punkte $\mathfrak{r}$ und $\mathfrak{r}'$ wird

$$G = \frac{i\varepsilon\sqrt{\frac{\mu\,\varepsilon_i}{\varepsilon\,\mu_i}}}{2\pi^2\,k\,k_i\,a^2}\int_{i\infty}^{-i\infty} d\nu\, e^{i\nu(\pi-\varphi)} \,. \tag{72}$$

$$\frac{H_\nu^{(1)}(kr')\;H_\nu^{(1)}(kr)}{\left(J_\nu'(k_i a)\,H_\nu^{(1)}(ka)-\sqrt{\frac{\mu\,\varepsilon_i}{\varepsilon\,\mu_i}}\,J_\nu(k_i a)\,H_\nu^{(1)}(ka)\right)\left(J_{-\nu}'(k_i a)\;H_\nu^{(1)}(ka)-\sqrt{\frac{\mu\,\varepsilon_i}{\varepsilon\,\mu_i}}\,J_{-\nu}(k_i a)\;H_\nu^{(1)}(ka)\right)}$$

$$+\frac{i\pi\varepsilon}{4}\sum_{l=1}^{\infty}\frac{\cos\nu_l(\pi-\varphi)}{\sin\nu_l\pi}\,H_{\nu_l}^{(1)}(kr')\,H_{\nu_l}^{(1)}(kr)\,\mathrm{Res}\,(B_\nu)/\nu_l\,.$$

Der Integrand des Restintegrals vereinfachte sich erheblich dadurch, daß bei der beschriebenen Umformung das Produkt der beiden Wronski-Determinanten (s. Magnus-Oberhettinger [1948] S. 26)

$$\begin{aligned} H_\nu^{(1)}(ka)\,H_\nu^{(2)\prime}(ka) - H_\nu^{(1)\prime}(ka)\,H_\nu^{(2)}(ka) &= \frac{4}{i\pi k a} \\ J_\nu(k_i a)\,J_{-\nu}'(k_i a) - J_\nu'(k_i a)\,J_{-\nu}(k_i a) &= -\frac{2\sin\nu\pi}{\pi k_i a} \end{aligned} \tag{72a}$$

auftritt; der letzte Faktor sorgt für das Verschwinden des Nenners $\sin \nu \pi$. Die Werte ν_l werden diesmal festgelegt durch die Gleichung

$$J'_{\nu_l}(k_i a)\, H^{(1)}_{\nu_l}(ka) - \sqrt{\frac{\mu\, \varepsilon_i}{\varepsilon\, \mu_i}}\, J_{\nu_l}(k_i a)\, H^{(1)\prime}_{\nu_l}(ka) = 0. \tag{73}$$

Da das Integral (72) von Polen auf der reellen Achse frei ist, kann der Weg ebenfalls in einem Umlauf um die Watsonschen Pole des Integranden deformiert werden, deren Anzahl sich allerdings wegen des zweiten in (72) enthaltenen Nenners verdoppelt. (In der Umgebung von h_1 fallen die Nullstellen der beiden Nenner so nahe zusammen, daß man praktisch mit Polen zweiter Ordnung rechnen kann.) Damit kann man die gesamte Greensche Funktion als Watsonsche Residuensumme schreiben. Im geometrisch beleuchteten Gebiet muß man genau wie in Ziffer 14 ein Integral abspalten, welches in erster Näherung die Primärwelle und die geometrisch-optisch reflektierte Welle enthält.

Mit dem beschriebenen Verfahren gerät man in Schwierigkeiten, wenn das Material nicht sehr stark absorbiert. Die Residuensumme über diejenigen Polstellen, welche in der Nähe der Nullstellen der Bessel-Funktion liegen, lassen sich zwar dann noch näherungsweise mittels der Eulerschen Summenformel aufsummieren, jedoch widersetzen sie sich einer geschlossenen, exakten Behandlung. Hier hilft eine zuerst von van der Pol und Bremmer angegebene Reihenentwicklung; in der ursprünglichen Gestalt ist diese Entwicklung freilich (wie die ganze Watson-Transformation) nur für Aufpunkte im Schatten brauchbar; außerdem wurde die Reihenentwicklung im Zusammenhang mit der Deformation des Integrationsweges in mathematisch unzulässiger Weise vorgenommen, wodurch unerwünschte Residuen in der Umgebung der Nullstellenreihen von $H^{(2)}_\nu(k_i a)$ auftreten und andererseits im Ergebnis Terme fehlen. Das Verfahren wurde jetzt durch P. Beckmann [1956] in einer mathematisch sauberen und auch im beleuchteten Gebiet brauchbaren Weise durchgeführt. Er deformiert zuerst den Integrationsweg Gl. (32) entsprechend Abb. 15 in einen zum Nullpunkt symmetrisch gelegenen Weg D_1 und einen Weg D'_2, welcher die im dritten Quadranten gelegene Nullstellenreihe von $H^{(2)}_\nu(ka)$ umläuft. Das Integral (32) wird zunächst exakt in der folgenden Weise geschrieben

$$G = -\frac{\varepsilon}{8} \int\limits_{D_1 + D'_2} \frac{d\nu}{\sin \nu \pi} \cos \nu (\pi - \varphi)\, H^{(1)}_\nu(kr') \tag{73}$$

$$\cdot \left\{ H^{(2)}_\nu(k\,r) - \left[R_{12} - \frac{H^{(1)}_\nu(k_i a)}{H^{(2)}_\nu(k_i a)} \frac{T_{12}\, T_{21}}{1 - \frac{H^{(1)}_\nu(k_i a)}{H^{(2)}_\nu(k_i a)} R_{21}} \right] \frac{H^{(2)}_\nu(ka)}{H^{(1)}_\nu(ka)}\, H^{(1)}_\nu(kr) \right\}.$$

Hierin sind die folgenden „Reflexions-“ und „Transmissionskoeffizienten“ eingeführt (welche im Limes $k\,a \to \infty$ in die entsprechenden Fresnelschen Koeffizienten übergehen):

$$R_{12} = \frac{\log' H_\nu^{(2)}(k_i a) - \sqrt{\dfrac{\mu\,\varepsilon_i}{\varepsilon\,\mu_i}}\,\log' H_\nu^{(2)}(k a)}{\log' H_\nu^{(2)}(k_i a) - \sqrt{\dfrac{\mu\,\varepsilon_i}{\varepsilon\,\mu_i}}\,\log' H_\nu^{(1)}(k a)} \tag{74a}$$

$$R_{21} = -\frac{\log' H_\nu^{(1)}(k_i a) - \sqrt{\dfrac{\mu\,\varepsilon_i}{\varepsilon\,\mu_i}}\,\log' H_\nu^{(1)}(k a)}{\log' H_\nu^{(2)}(k_i a) - \sqrt{\dfrac{\mu\,\varepsilon_i}{\varepsilon\,\mu_i}}\,\log' H_\nu^{(1)}(k a)} \tag{74b}$$

$$T_{12} = 1 - R_{12}; \qquad T_{21} = 1 + R_{21}. \tag{75}$$

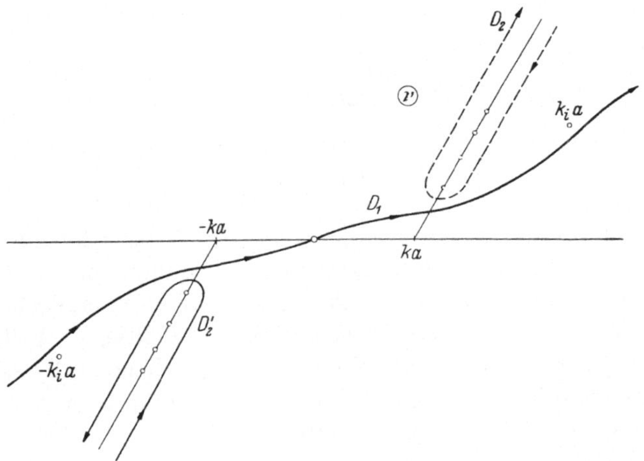

Abb. 15. Umformung des Integrationsweges nach Beckmann

log' soll dabei jeweils die Ableitung des Logarithmus der Funktion nach dem Argument bedeuten. — Führt man den Integrationsweg D_2' in hinreichendem Abstand um die Nullstellenreihe, und läßt D_1 hinreichend nahe an den Punkten $(k_i a)$ und $(-\,k_i a)$ vorbeigehen, dann ist (was hier nicht bewiesen werden soll) der Betrag von $R_{12}\;H_\nu^{(1)}(k_i a)/H_\nu^{(2)}(k_i a)$ auf dem ganzen Integrationsweg kleiner als 1; man kann daher den Integranden von (73) nach Potenzen dieser Größe entwickeln. Für die eckige Klammer ergibt sich dabei

$$[\,] = R_{12} - \frac{H_\nu^{(1)}(k_i a)}{H_\nu^{(2)}(k_i a)}\;T_{12}\,T_{21} \sum_{l=0}^{\infty} \left(\frac{H_\nu^{(1)}(k_i a)}{H_\nu^{(2)}(k_i a)}\;R_{21} \right)^l. \tag{76}$$

Mittels der Relationen (30) kann man einsehen, daß alle Größen des Integranden (73) gerade Funktionen von ν sind mit Ausnahme des

$\sin \nu \pi$ und des in Gl. (76) auftretenden Verhältnisses der beiden Hankel-Funktionen. Zu dem symmetrischen Integrationsweg D_1 tragen deshalb nur die in ν ungeraden Teile von (76) bei; diese sind zufolge (30)

$$[\,]_u = \frac{1}{2} T_{12} T_{21} \sum_{l=0}^{\infty} (e^{2\pi i \nu (l+1)} - 1) \left(\frac{H_\nu^{(1)}(k_i a)}{H_\nu^{(2)}(k_i a)} \right)^{l+1} R_{21}^l . \tag{77}$$

Da

$$\frac{e^{2\pi i \nu (l+1)} - 1}{2 \sin \nu \pi} = i\, e^{i\pi\nu} \sum_{m=0}^{l} e^{2\pi i m \nu}, \tag{78}$$

verschwindet aus dem Integral über D_1 der Nenner $\sin \nu \pi$ und mit ihm die Polstellen längs der reellen Achse; das Integral wird damit einer Sattelpunktsauswertung zugängig. Im ganzen lautet das Beckmannsche Endergebnis

$$G = G_{p,r} + G_g + G_k . \tag{79}$$

Dabei ist

$$G_{p,r} = -\frac{\varepsilon}{8} \int_{D_2} \frac{d\nu}{\sin \nu \pi} \cos \nu (\pi - \varphi)\, H_\nu^{(1)}(kr') \cdot$$
$$\cdot \left\{ H_\nu^{(2)}(kr) - R_{12} \frac{H_\nu^{(2)}(ka)}{H_\nu^{(1)}(ka)} \cdot H_\nu^{(1)}(kr) \right\} \tag{80}$$

von ganz ähnlicher Gestalt wie (32a); lediglich der Reflexionskoeffizient R_{12} tritt als zusätzlicher Faktor in Erscheinung, ohne daß dadurch die frühere Auswertungsmethode geändert wird — es ergeben sich wie in Ziffer 14 und 15 Primärwelle, geometrisch reflektierte Welle, sowie die an den geometrischen Schattengrenzen entstehenden Kriechwellen. Anstatt D_2' konnte der Weg D_2 (Abb. 15) eingeführt werden, da der Integrand symmetrisch ist. Der zweite Anteil

$$G_g = \frac{i\,\varepsilon}{8} \sum_{l=0}^{\infty} \sum_{m=0}^{l} \int_{D_1} d\nu \cos \nu (\pi - \varphi)\, H_\nu^{(1)}(kr')\, H_\nu^{(1)}(kr) \cdot$$
$$\frac{H_\nu^{(2)}(ka)}{H_\nu^{(1)}(ka)} T_{12} T_{21} \left(\frac{H_\nu^{(1)}(k_i a)}{H_\nu^{(2)}(k_i a)} \right)^{l+1} R_{21}^l\, e^{2\pi i \nu \left(m + \frac{1}{2}\right)} \tag{81}$$

wird zweckmäßig nach der Sattelpunktsmethode ausgewertet; er liefert in einem Linsenterm ($l = 0$) die vom Zylinder direkt gebrochene Strahlung, und weiter (für $l > 0$) die Regenbögen l-ter Ordnung. Das dritte Glied von (79) schließlich, in welchem man durch Einführung von $-\nu$ als neue Variable auf den Weg D_2 im ersten Quadranten (s. Abb. 15) übergehen kann, lautet

$$G_k = -\frac{\varepsilon}{8} \sum_{l=0}^{\infty} \int_{D_2} \frac{d\nu}{\sin \nu \pi} \cos \nu (\pi - \varphi)\, H_\nu^{(1)}(k\,r')\, H_\nu^{(1)}(k\,r) \cdot$$
$$\cdot \frac{H_\nu^{(2)}(ka)}{H_\nu^{(1)}(ka)} e^{2\pi i \nu (l+1)}\, T_{12} T_{21} \left(\frac{H_\nu^{(1)}(k_i a)}{H_\nu^{(2)}(k_i a)} \right)^{l+1} R_{21}^l . \tag{82}$$

Durch Auswertung an den von D_2 eingeschlossenen Polstellen l-ter Ordnung von R_{21} kann man es in eine Summe von Residuen überführen. Diese stellen Kriechwellen dar, welche entstehen, nachdem ein Strahl ein- oder mehrmals das Zylinder-Innere unter dem Grenzwinkel der Totalreflexion durchlaufen hat. Sie stehen zu den Regenbögen in demselben Verhältnis wie die früher besprochenen Kriechwellen zur Primärwelle und werden im übrigen noch vermehrt um Glieder, welche aus G_g, Gl. (81), von den Regenbögen abzuspalten sind; diese stellen den Anschluß der Kriechwellen an die geometrischen Wellen her und ändern sich unstetig, wenn der Grenzwinkel der Totalreflexion durchschritten wird. Die Summe über m in G_g, welche bei früheren Autoren fehlt (s. etwa van der Pol-Bremmer oder Bucerius) sorgt dafür, daß in jedem Falle die Sattelpunkte vorhanden sind, welche den geometrisch-optisch zu erwartenden Strahlen entsprechen. Es würde zu weit führen, auf nähere Einzelheiten einzugehen.

17. Greensche Dyade der Kugel

Wie in Ziffer 9 gezeigt wurde, sind die Debyeschen Potentiale die geeignete Darstellung zur Behandlung der Beugung an der Kugel. Die Greensche Dyade läßt sich entsprechend Gl. I (64a) darstellen durch

$$\Gamma(\mathfrak{r}, \mathfrak{r}') = -\frac{1}{i\,\omega\,\varepsilon}\,\mathrm{rot}\,(\mathfrak{r} \times \nabla)\,\mathfrak{B}_1 + \mathfrak{r} \times \nabla\,\mathfrak{B}_2. \tag{83}$$

Die beiden Debyeschen Potentiale $\mathfrak{B}_1$ und $\mathfrak{B}_2$ sind dabei Vektoren. Mittels Gl. I (22) kann man hieraus das Feld eines beliebigen Dipols vom Dipolmoment $\mathfrak{p}$ durch rechtsseitige skalare Multiplikation erhalten; die Skalarprodukte von $\mathfrak{B}_1$ und $\mathfrak{B}_2$ mit $\mathfrak{p}$ sind dann die Potentiale π_1 und π_2 der früheren Darstellung. Für die vektoriellen Debye-Potentiale in (83) gelten deshalb genau dieselben Grenzbedingungen wie für π_1 und π_2, also nach I (67)

$$\mathfrak{B}_1,\quad \frac{1}{\varepsilon}\frac{\partial(r\,\mathfrak{B}_1)}{\partial r},\quad \mathfrak{B}_2,\quad \frac{1}{\mu}\frac{\partial(r\,\mathfrak{B}_2)}{\partial r}\quad \text{stetig bei } r = a. \tag{84}$$

Um das Beugungsproblem zu lösen, muß man die beiden Anteile von (83) als Reihen anschreiben, deren einzelne Summanden separiert sind, d. h. aus einer Funktion von $|\mathfrak{r}| = r$ mal einer Funktion von $\mathfrak{r}'$ und der Richtung von $\mathfrak{r}$ bestehen. Da die Debye-Potentiale der skalaren Schwingungsgleichung genügen müssen, haben wir zunächst deren separierte Lösungen aufzusuchen. Wir schreiben den Radiusvektor in der Form

$$\mathfrak{r} = r\,\mathfrak{e} \tag{85}$$

als Produkt aus Betrag mal Einheitsvektor und suchen nach der Lösung der Gleichung

$$(\Delta + k^2)\,R(r)\,Y(\mathfrak{e}) = 0. \tag{86}$$

Darin ist R eine Funktion von r allein, und die „Kugelflächenfunktion" Y hängt nur von der Richtung $\mathfrak{e}$ ab. Zunächst rechnen wir den Laplace-Operator Δ in Differentiationen nach r und nach der Richtung um. Durch Entwicklung der dreifachen Vektorprodukte $(\nabla \times \mathfrak{e}) \times \mathfrak{e}$ und $\mathfrak{e} \times (\mathfrak{e} \times \nabla)$ erhält man für ∇ die beiden Darstellungen

$$\nabla = \nabla \cdot \mathfrak{e}\,\mathfrak{e} - (\nabla \times \mathfrak{e}) \times \mathfrak{e}$$
$$= \mathfrak{e}\,\mathfrak{e} \cdot \nabla - \mathfrak{e} \times (\mathfrak{e} \times \nabla),$$

und indem man die erste Darstellung mit der zweiten skalar multipliziert, folgt für den Laplaceschen Operator:

$$\Delta = \nabla \cdot \mathfrak{e}\,\mathfrak{e} \cdot \nabla + [(\nabla \times \mathfrak{e}) \times \mathfrak{e}] \cdot [\mathfrak{e} \times (\mathfrak{e} \times \nabla)]$$
$$= \nabla \cdot \mathfrak{e}\,\mathfrak{e} \cdot \nabla - \nabla \times \mathfrak{e} \cdot \mathfrak{e} \times \nabla.$$

Die restlichen Summanden des Produkts fallen fort, da sie ein Spatprodukt mit zwei gleichen Faktoren enthalten. — Aus (85) erhält man leicht die dyadische Operatorbeziehung

$$\nabla\mathfrak{e} = \frac{I - \mathfrak{e}\,\mathfrak{e}}{r} + \overline{\mathfrak{e}\,\nabla} \quad \text{mit der Spur} \quad \nabla \cdot \mathfrak{e} = \frac{2}{r} + \mathfrak{e} \cdot \nabla; \tag{87}$$

da weiterhin

$$\mathfrak{e} \cdot \nabla \equiv \frac{\partial}{\partial r} \tag{88}$$

ist, ergibt sich für den Laplace-Operator die Darstellung

$$\Delta \equiv \frac{1}{r}\frac{\partial^2}{\partial r^2} r + \frac{1}{r^2}(\mathfrak{r} \times \nabla)^2. \tag{89}$$

Der hierin auftretende Differentialoperator $\mathfrak{r} \times \nabla$ ist der Operator einer reinen Winkeldifferentiation (azimutale Differentiation, siehe Lagally-Franz [1956], S. 205), und daher kann eine separierte Lösung der Gleichung

$$\left\{\frac{1}{r}\frac{\partial^2}{\partial r^2} r + \frac{(\mathfrak{r} \times \nabla)^2}{r^2} + k^2\right\} R_n(r)\; Y_n(\mathfrak{e}) = 0 \tag{90}$$

aufgebaut werden aus den Lösungen der Winkelgleichung

$$(\mathfrak{r} \times \nabla)^2\, Y_n(\mathfrak{e}) = -\,n\,(n+1)\; Y_n(\mathfrak{e}) \tag{91}$$

und der radialen Gleichung

$$\left(\frac{1}{r}\frac{d^2}{dr^2} r - \frac{n\,(n+1)}{r^2} + k^2\right) R_n(r) = 0. \tag{92}$$

Der „Separationsparameter" $n(n+1)$ ist dabei an sich eine beliebige komplexe Zahl; eindeutige Funktionen der Richtung werden die $Y_n(\mathfrak{e})$ allerdings nur dann, wenn n ganz ist. Dies sei zunächst als bekannt vorausgesetzt, wird aber in der folgenden Ziffer nochmals explizit abgeleitet. — Die radiale Eigenfunktion $R_n(r)$ ist, wie ein Vergleich mit

Gl. (7) zeigt, bis auf einen Faktor $\frac{1}{\sqrt{r}}$ eine Zylinderfunktion:

$$R_n(r) = \frac{Z_{n+\frac{1}{2}}(kr)}{\sqrt{r}} . \tag{93}$$

Als nächster Schritt soll die Greensche Dyade des leeren Raumes als Reihe separierter Funktionen geschrieben werden. Sie lautet nach I (45) und (42):

$$\Gamma_0(\mathfrak{r}, \mathfrak{r}') = \frac{\mu}{k^2} \operatorname{rot} \operatorname{rot} I \, G_0(\mathfrak{r}, \mathfrak{r}') \tag{94}$$

mit

$$G_0(\mathfrak{r}, \mathfrak{r}') = \frac{e^{ik|\mathfrak{r}-\mathfrak{r}'|}}{4\pi |\mathfrak{r} - \mathfrak{r}'|} . \tag{95}$$

Die Entwicklung von (95) nach den separierten Lösungen von (90) ist wohl bekannt (siehe Magnus-Oberhettinger [1948], S. 31, Gl. (4a)):

$$G_0(\mathfrak{r}, \mathfrak{r}') = \frac{i}{8\sqrt{r\,r'}} \sum_{n=0}^{\infty} (2n+1) \, P_n(\mathfrak{e} \cdot \mathfrak{e}') \, J_{n+\frac{1}{2}}(kr) \; H^{(1)}_{n+\frac{1}{2}}(kr') \tag{96}$$

für $r' > r$.

P_n ist dabei die Legendresche Kugelfunktion, eine spezielle Lösung von (91), welche von der Richtung $\mathfrak{e}$ nur in der Gestalt des Skalarproduktes $\mathfrak{e} \cdot \mathfrak{e}'$ abhängt, und überdies so normiert ist, daß

$$P_n(1) = 1 . \tag{97}$$

Stellt man Γ_0 in der Gestalt (83) mittels der Potentiale $\mathfrak{B}_1^0$ und $\mathfrak{B}_2^0$ dar, so fällt der Anteil mit $\mathfrak{B}_1^0$ weg, wenn man bildet $\mathfrak{r} \cdot \operatorname{rot} \Gamma_0$, da

$$\mathfrak{r} \cdot \operatorname{rot} \operatorname{rot} \mathfrak{r} \times \nabla = \mathfrak{r} \cdot \nabla \nabla \cdot \mathfrak{r} \times \nabla - \mathfrak{r} \, . \, \mathfrak{r} \times \nabla \Delta = 0 .$$

Man hat deshalb

$$(\mathfrak{r} \times \nabla)^2 \, \mathfrak{B}_2^0 = \mathfrak{r} \cdot \operatorname{rot} \Gamma_0 . \tag{98}$$

Führt man hierin (94) ein, so erhält man eine Vereinfachung wegen der Beziehung

$$\operatorname{rot} \operatorname{rot} \operatorname{rot} I \, G_0 = - \operatorname{rot} I \, \Delta \, G_0 = k^2 \operatorname{rot} I \, G_0$$

[wegen I (40)]

und gelangt zur folgenden Bestimmungsgleichung für $\mathfrak{B}_2^0$:

$$(\mathfrak{r} \times \nabla)^2 \, \mathfrak{B}_2^0 = \mu \, \mathfrak{r} \times \nabla G_0 . \tag{98a}$$

Die Differentiation $(\mathfrak{r} \times \nabla)$ ist in der Reihe (96) für G_0 nur an den Kugelfunktionen auszuführen, wobei das Glied mit $n = 0$ wegfällt, da P_0 konstant ist. $\mathfrak{r} \times \nabla P_n$ ist genau so wie P_n selbst eine Lösung von (91), und daher kann (98a) einfach dadurch aufgelöst werden, daß jeder einzelne Summand durch $-n(n+1)$ dividiert wird. Man erhält

$$\mathfrak{B}_2^0 = -\frac{i\,\mu}{8\sqrt{r\,r'}}\,(\mathfrak{r}\times\nabla)\sum\frac{2n+1}{n\,(n+1)}\,J_{n+\frac{1}{2}}(kr)\;H^{(1)}_{n+\frac{1}{2}}(kr')\,P_n(\mathfrak{e}\cdot\mathfrak{e}'). \tag{99}$$

$\mathfrak{B}_2^0$ wird durch (98a) nur bis auf einen winkelunabhängigen Zusatz bestimmt; dieser ist jedoch ohne Bedeutung, da er zu Γ_0 entsprechend Formel (83) keinen Beitrag liefert.

Zur Bestimmung des ersten Potentials $\mathfrak{B}_1^0$ bildet man $\mathfrak{r}\cdot\Gamma_0$, wobei der Term mit $\mathfrak{B}_1^0$ wegfällt; so kommt nach (83)

$$(\mathfrak{r}\times\nabla)^2\,\mathfrak{B}_1^0 = -\,i\,\omega\,\varepsilon\,\mathfrak{r}\cdot\Gamma_0. \tag{100}$$

Nach (94) folgt hieraus

$$(\mathfrak{r}\times\nabla)^2\,\mathfrak{B}_1^0 = \frac{1}{i\,\omega}\,(\mathfrak{r}\times\nabla)\times\nabla G_0. \tag{100a}$$

Wollten wir versuchen, dies in derselben Weise aufzulösen wie vorher Gl. (98a), so müßten wir zwei unangenehme Feststellungen machen: Durch die in (100a) enthaltene Gradientbildung wird erstens die Ordnung der Kugelfunktion geändert, so daß die Auflösung von (100a) nicht einfach mittels einer Division durch $-n(n+1)$ durchgeführt werden kann; zum zweiten wird aber auch die Bessel-Funktion von kr differenziert, was die nachfolgende Erfüllung der Randbedingungen erschwert. Von beiden wird man frei, wenn man beachtet, daß G_0 nach (95) nur von dem Argument $\mathfrak{r}-\mathfrak{r}'$ abhängt, und daher $\nabla G_0 = -\frac{\partial}{\partial\mathfrak{r}'}G_0$ ist. (100a) läßt sich daher umschreiben in (100b).

$$(\mathfrak{r}\times\nabla)^2\,\mathfrak{B}_1^0 = \frac{1}{i\,\omega}\,\frac{\partial}{\partial\mathfrak{r}'}\times(\mathfrak{r}\times\nabla)\,G_0. \tag{100b}$$

Der hierin enthaltene Differentialoperator verändert in der Reihe für G_0 weder die Ordnung der Kugelfunktionen noch die Bessel-Funktion von kr. Gliedweise Division der Reihe für G_0 durch $-n(n+1)$ liefert

$$\mathfrak{B}_1^0 = -\frac{1}{8\,\omega}\,\frac{\partial}{\partial\mathfrak{r}'}\times(\mathfrak{r}\times\nabla)\sum_{n=1}\frac{2n+1}{n\,(n+1)}\,\frac{J_{n+\frac{1}{2}}(kr)\;H^{(1)}_{n+\frac{1}{2}}(kr')}{\sqrt{r\,r'}}\,P_n(\cos\vartheta). \tag{101}$$

Mit der Darstellung der Primärwelle durch separierte Debye-Potentiale ist die Voraussetzung für die sofortige Lösung des Beugungsproblems geschaffen. Man hat lediglich den in der Entwicklung der Primärwelle auftretenden Bessel-Funktionen im Außen- wie im Innenraum singularitätenfreie Zylinderfunktionen zur Seite zu stellen, welche mit solchen Koeffizienten versehen sind, daß die Grenzbedingungen (84) erfüllt werden. Die Berechnung der Koeffizienten gleicht so sehr dem Fall des Zylinders in Ziffer 11, daß es genügt, das Ergebnis anzugeben:

$$\Gamma(\mathfrak{r}, \mathfrak{r}') = \frac{\mu}{k^2} \frac{\partial}{\partial \mathfrak{r}} \times (\mathfrak{r} \times \nabla) \frac{\partial}{\partial \mathfrak{r}'} \times (\mathfrak{r} \times \nabla) V + \mu \, \mathfrak{r} \times \nabla \mathfrak{r} \times \nabla \overline{V} . \tag{102}$$

Die beiden darin enthaltenen skalaren Potentialfunktionen V und $\overline{V}$ sind von gleicher Gestalt:

$$V = \frac{1}{16 i \sqrt{r r'}} \sum_{n=1}^{\infty} \frac{2n+1}{n(n+1)} H^{(1)}_{n+\frac{1}{2}}(kr') \left(H^{(2)}_{n+\frac{1}{2}}(kr) - B_{n+\frac{1}{2}} H^{(1)}_{n+\frac{1}{2}}(kr)\right) \cdot \cdot P_n(\mathfrak{e} \cdot \mathfrak{e}') \quad \text{für } r' \geq r \geq a . \tag{103a}$$

$$V = \frac{1}{16 i \sqrt{r r'}} \sum_{n=1}^{\infty} \frac{2n+1}{n(n+1)} C_{n+\frac{1}{2}} H^{(1)}_{n+\frac{1}{2}}(kr') \, J_{n+\frac{1}{2}}(k_i r) \, P_n(\mathfrak{e} \cdot \mathfrak{e}') . \quad \text{für } r' \geq a \geq r \tag{103b}$$

Die Koeffizienten bestimmen sich zu

$$B_\nu = \frac{H^{(2)}_\nu(ka)\left[J'_\nu(k_i a) + \frac{1}{2k_i a} J_\nu(k_i a)\right] - \sqrt{\frac{\mu \varepsilon_i}{\varepsilon \mu_i}} J_\nu(k_i a)\left[H^{(2)\prime}_\nu(ka) + \frac{1}{2ka} H^{(2)}_\nu(ka)\right]}{H^{(1)}_\nu(ka)\left[J'_\nu(k_i a) + \frac{1}{2k_i a} J_\nu(k_i a)\right] - \sqrt{\frac{\mu \varepsilon_i}{\varepsilon \mu_i}} J_\nu(k_i a)\left[H^{(1)\prime}_\nu(ka) + \frac{1}{2ka} H^{(1)}_\nu(ka)\right]} ; \tag{104a}$$

$$C_\nu = \frac{4}{i \pi k a} \cdot \frac{1}{\sqrt{\frac{\varepsilon \mu_i}{\mu \varepsilon_i}} H^{(1)}_\nu(ka)\left[J'_\nu(k_i a) + \frac{1}{2k_i a} J_\nu(k_i a)\right] - J_\nu(k_i a)\left[H^{(1)\prime}_\nu(ka) + \frac{1}{2ka} H^{(1)}_\nu(ka)\right]} . \tag{104b}$$

Das zweite Potential $\overline{V}$ ergibt sich aus V durch folgende einfache Ersetzung

$$\overline{V}_\nu, \overline{B}_\nu, \overline{C}_\nu \to \text{ersetze in } V, B_\nu, C_\nu : \sqrt{\frac{\mu_i \varepsilon_i}{\varepsilon \mu_i}} \text{ durch } \sqrt{\frac{\varepsilon \mu_i}{\mu \varepsilon_i}} . \tag{105}$$

Wir haben damit die Greensche Dyade gewonnen für alle Fälle außer dem einen, daß beide Punkte im Innern der Kugel liegen. Für $a \geq r > r'$ erhält man die Greensche Dyade aus (102) und (103a) einfach dadurch, daß man zunächst in (103a) wieder an Stelle von $H^{(1)}_{n+\frac{1}{2}}(k r)$ einführt $2 J^{(kr)}_{n+\frac{1}{2}} - H^{(1)}_{2+\frac{1}{2}}(k r)$, und sodann durchgehend die Rollen von außen und innen sowie von Bessel-Funktion und Hankel-Funktion erster Art vertauscht. Weiter kann man aus der bis jetzt abgeleiteten elektrischen Greenschen Dyade auch die magnetische dadurch gewinnen, daß man überall ε durch μ ersetzt und umgekehrt. Das Problem der Beugung einer elektromagnetischen Welle an der Kugel ist damit vollständig gelöst.

Nach Ziffer 3 erhält man das Feld, welches ein bei $\mathfrak{r}'$ gelegener Dipol $\mathfrak{p}$ in $\mathfrak{r}$ erzeugt, indem man Γ von rechts skalar mit $\mathfrak{p}$ multipliziert; wegen der Reziprozität ergibt sich das Feld bei $\mathfrak{r}'$ infolge eines Dipols in $\mathfrak{r}$ durch linksseitige Multiplikation von Γ mit $\mathfrak{p}$.

18. Verhalten der Legendreschen Kugelfunktionen bei komplexem Index

Die Differentialgleichung der Kugelfunktionen

$$(\mathfrak{r} \times \nabla)^2 P_n(\mathfrak{e} \cdot \mathfrak{e}') = -n(n+1) P_n(\mathfrak{e} \cdot \mathfrak{e}') \tag{106}$$

wird ganz allgemein bei beliebigen komplexen n gelöst durch ein Integral der Gestalt

$$P_n(\mathfrak{e} \cdot \mathfrak{e}') = \frac{1}{2\pi i} \int \frac{dt}{t^{n+1} \sqrt{1 + t^2 - 2t\, \mathfrak{e} \cdot \mathfrak{e}'}}, \tag{107}$$

wie wir kurz zeigen wollen. Bekanntlich ist der reziproke Abstand von einem festen Punkte $\mathfrak{r}'$ eine Lösung der Potentialgleichung

$$\Delta \frac{1}{|\mathfrak{r} - \mathfrak{r}'|} = 0; \tag{108}$$

man kann dies unmittelbar unter Einführung von Polarkoordinaten mit $\mathfrak{r}'$ als Nullpunkt verifizieren. Führt man dagegen Polarkoordinaten um einen von $\mathfrak{r}'$ verschiedenen Nullpunkt ein, so ergibt sich

$$\left\{\frac{1}{r} \frac{\partial^2}{\partial r^2} r + \frac{(\mathfrak{r} \times \nabla)^2}{r^2}\right\} \frac{1}{\sqrt{r^2 + r'^2 - 2 r r'\, \mathfrak{e} \cdot \mathfrak{e}'}} = 0. \tag{108a}$$

Setzt man hierin $r' = 1$ und $r = t$, so folgt

$$(\mathfrak{r} \times \nabla)^2 \frac{1}{\sqrt{1 + t^2 - 2t\, \mathfrak{e} \cdot \mathfrak{e}'}} = -t \frac{\partial^2}{\partial t^2} \frac{t}{\sqrt{1 + t^2 - 2t\, \mathfrak{e} \cdot \mathfrak{e}'}}. \tag{108b}$$

Wendet man dies wiederum auf die Darstellung (107) an, so ergibt sich

$$(\mathfrak{r} \times \nabla)^2 P_n(\mathfrak{e} \cdot \mathfrak{e}') = -\frac{1}{2\pi i} \int \frac{dt}{t^n} \frac{\partial^2}{\partial t^2} \frac{t}{\sqrt{1 + t^2 - 2t\, \mathfrak{e} \cdot \mathfrak{e}'}}.$$

Wenn man dies zweimal partiell integriert, folgt schließlich gerade (106), sofern der Integrationsweg so liegt, daß die auftretenden Beiträge von den Integrationsgrenzen verschwinden. Dies ist dann der Fall, wenn der Weg entweder auf der Riemannschen Fläche des Integranden geschlossen ist, oder — für $Re(n) > -1$ — beiderseits ins Unendliche verläuft. Weiter ist natürlich zu fordern, daß der Weg einen der singulären Punkte des Integranden umfaßt, da sonst das Integral nach dem

Cauchyschen Integralsatz identisch verschwinden würde. Der Integrand besitzt im Endlichen drei singuläre Punkte, nämlich einen Verzweigungspunkt (bei ganzem n einen Pol) bei $t = 0$ und zwei Verzweigungspunkte zweiter Ordnung an den Nullstellen der Quadratwurzeln. Nennen wir ϑ den Winkel zwischen $\mathfrak{e}$ und $\mathfrak{e}'$, so ist

$$\mathfrak{e} \cdot \mathfrak{e}' = \cos \vartheta \tag{109}$$

und die Verzweigungspunkte der Wurzeln liegen bei $e^{+i\vartheta}$ und $e^{-i\vartheta}$. Die sogenannten Kugelfunktionen erster Art (für ganzzahliges n die Legendreschen Polynome) erhält man, wenn man als Integrationsweg in (107) den Weg τ_0 von Abb. 16 wählt, und den Integranden auf dem linken Schnittpunkt mit der positiv reellen Achse positiv festsetzt. Läßt man den Weg ins Unendliche verlaufen, so erhält man die sogenannten Kugelfunktionen zweiter Art, mit dem Buchstaben Q bezeichnet; für $Re(n) > -1$ läßt sich der Integrationsweg τ_0 in zwei nach dem Unendlichen führende Wege τ_1 und τ_2 überführen, wodurch man eine Zerlegung von P_n in zwei Kugelfunktionen zweiter Art erhält

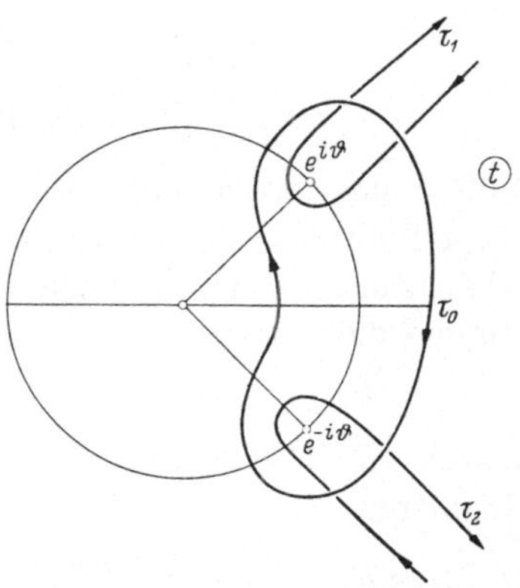

Abb. 16. Wege für die Integraldarstellung der Kugelfunktionen

$$P_n(\cos\vartheta) = Q_n^{(1)}(\cos\vartheta) + Q_n^{(2)}(\cos\vartheta), \tag{110}$$

wobei definiert ist

$$P_n(\cos\vartheta) \equiv \frac{1}{2\pi i}\int_{\tau_0} \frac{dt}{t^{n+1}\sqrt{1+t^2-2t\cos\vartheta}} \quad \text{für alle } n \text{ und } \vartheta; \tag{111}$$

$$Q_n^{(i)}(\cos\vartheta) \equiv \frac{1}{2\pi i}\int_{\tau_i} \frac{dt}{t^{n+1}\sqrt{1+t^2-2t\cos\vartheta}} \quad \text{für } Re(n) > -1 \tag{111a}$$

$$0 \leq \vartheta \leq \pi.$$

Führt man in Gl. (111) $\frac{1}{t}$ als Variable ein, so entsteht eine zweite Integraldarstellung für P_n:

$$P_n(\cos\vartheta) = \frac{1}{2\pi i}\int_{\tau_0} \frac{t^n\,dt}{\sqrt{1+t^2-2t\cos\vartheta}}. \tag{111b}$$

Dies zeigt, daß — für beliebige komplexe n — die Beziehung gilt:

$$P_{-n-1}(\cos\vartheta) = P_n(\cos\vartheta). \tag{112}$$

Für die Kugelfunktionen zweiter Art (111a) gilt eine solche Beziehung nicht, da die Wege τ_1 und τ_2 bei der Transformation $t \to \frac{1}{t}$ nicht in sich selbst übergehen.

Eine Beziehung zwischen den beiden Funktionen zweiter Art $Q_n^{(1)}$ und $Q_n^{(2)}$ erhält man, indem man in die Integraldarstellung (111a) für $Q_n^{(1)}$ als neue Variable $e^{-i\pi}t$ einführt, für $Q_n^{(2)}$ $e^{+i\pi}t$. Dadurch ergibt sich

$$\left\{\begin{aligned} Q_n^{(1)}(-\cos\vartheta) &= e^{-i\pi n} Q_n^{(2)}(\cos\vartheta);\\ Q_n^{(2)}(-\cos\vartheta) &= e^{i\pi n} Q_n^{(1)}(\cos\vartheta). \end{aligned}\right. \tag{113}$$

Führt man dies in (110) ein, so erhält man eine Beziehung zwischen den Kugelfunktionen der Argumente $\cos\vartheta$ und $-\cos\vartheta$, welche uns später zur Abspaltung der geometrischen Welle aus der Watsonschen Residuensumme dienen wird:

$$P_n(-\cos\vartheta) = e^{i\pi n} P_n(\cos\vartheta) - 2i\sin n\pi\, Q_n^{(2)}(\cos\vartheta). \tag{114}$$

Durch Gl. (114) kann man die Funktion $Q_n^{(2)}$ auch für $Re(n) \leqq -1$ definieren: (114a)

$$Q_n^{(2)}(\cos\vartheta) = \frac{e^{i\pi n} P_n(\cos\vartheta) - P_n(-\cos\vartheta)}{2i\sin n\pi}; \qquad \text{für alle } n;\ 0 \leq \vartheta \leq \pi.$$

Als Funktion von n besitzt dies bei negativ ganzen n-Werten Pole; für n ganz $\geqq 0$ dagegen bleibt es nach (111a) regulär, da dort Zähler und Nenner des Ausdrucks (114a) in erster Ordnung gegen null gehen.

Die Integrale (111), (111a), (111b) sind solange regulär, wie es möglich ist, den Integrationsweg in endlichem Abstand von den Singularitäten des Integranden zu führen. Da die Lage der Singularitäten vom Argument ϑ abhängt, bedeutet das, daß P_n und Q_n als Funktion von ϑ singuläre Stellen besitzen; diese Singularitäten treten immer dann auf, wenn die beiden Punkte $e^{i\vartheta}$ und $e^{-i\vartheta}$ zusammenrücken, und der Integrationsweg sie nicht beide umfaßt. Deshalb sind für die Funktionen zweiter Art alle Punkte $\vartheta =$ Vielfache von π singulär, für die P_n ist lediglich der Punkt $\vartheta = 0$ ausgenommen, es sei denn, daß n ein ganze Zahl ist. Für ganzzahlige $n \geqq 0$ ist für die Darstellung (111b) der Nullpunkt regulär. Der gesamte Weg kann also durch den Nullpunkt hindurch in das Äußere des Einheitskreises verlegt werden, so daß für alle ϑ beide Singularitäten des Integranden vom Weg umschlossen werden, und daher das Integral nicht singulär werden kann. Wegen (112) gilt dies auch für negativ ganzzahlige Werte von n. — Für $\cos\vartheta = 1$ nehmen die Kugelfunktionen erster Art bei beliebigen n den Wert 1 an; dies folgt einfach aus (111b): Der Integrand von

$$P_n(1) = \frac{1}{2\pi i}\int_{\tau_0} \frac{t^n\,dt}{1-t};$$

besitzt bei $t = 1$ einen einfachen Pol. [NB: das Wurzelvorzeichen ist dadurch festgelegt, daß der linke Schnittpunkt mit der positiven Achse dem positiven Wurzelwert zugeordnet wird.] Nach dem Cauchyschen Integralsatz ergibt sich wegen des negativen Umlaufs τ_0 der Wert

$$P_n(1) = 1. \quad \text{für beliebiges } n. \tag{115}$$

Für die spätere Diskussion benötigen wir das Verhalten der Kugelfunktion im Unendlichen der n-Ebene. Wegen der Beziehungen (112) und (114a) genügt es, die Halbebene $Re\,(n) > -1$ zu untersuchen Wir führen zunächst in die Integraldarstellung (111a) eine neue Variable ein, indem wir setzen

$$t = e^{\pm i\vartheta + \xi^2}\,; \quad \frac{dt}{t} = 2\xi\, d\xi\,;$$

dabei soll jeweils das obere Vorzeichen für $Q_n^{(1)}$, das untere für $Q_n^{(2)}$ gelten. Die Integration verläuft vom Unendlichen nach $\xi = 0$ und wieder zurück mit geändertem Wurzelvorzeichen, was zweimal zu demselben Beitrag führt. Man erhält

$$Q_n^{(i)}(\vartheta) = \pm \frac{2i}{\pi} e^{\mp i\left(n+\frac{1}{2}\right)\vartheta} \int_0^\infty \frac{e^{-n\xi^2}\,\xi\, d\xi}{\sqrt{e^{\xi^2}-1}\sqrt{e^{\pm i\vartheta+\xi^2}-e^{\mp i\vartheta}}}\,.$$

Die Integration ist in der komplexen ξ-Ebene dabei so zu führen, daß der Realteil von $n\,\xi^2$ positiv wird und damit die Exponentialfunktion des Zählers bei großem Betrag von n sehr rasch gegen null geht. Dann tragen aber nur so kleine Werte von ξ zu dem Integral wesentlich bei, daß in den Wurzeln des Nenners nach kleinen ξ entwickelt werden darf, daß also

$$\sqrt{e^{\xi^2}-1} \sim \xi\,; \sqrt{e^{\pm i\vartheta+\xi^2}-e^{\mp i\vartheta}} \sim \sqrt{\pm 2i\sin\vartheta}$$

ist. Damit erhält man für die $Q_n^{(i)}$ die folgende asymptotische Darstellung

$$\left.\begin{matrix} Q_n^{(1)}(\vartheta) \\ Q_n^{(2)}(\vartheta) \end{matrix}\right\} \sim \frac{e^{\mp i\left[\left(n+\frac{1}{2}\right)\vartheta - \frac{\pi}{4}\right]}}{\sqrt{2n\,\pi\,\sin\vartheta}} \quad \text{für } Re\,(n) > -1. \tag{116}$$

Wegen (110) folgt daraus für die Kugelfunktionen erster Art

$$P_n(\cos\vartheta) \sim \sqrt{\frac{2}{n\,\pi\,\sin\vartheta}} \cos\left[\left(n+\frac{1}{2}\right)\vartheta - \frac{\pi}{4}\right] \tag{116a}$$

$$\text{für } Re\,(n) > -1.$$

Ermittelt man die asymptotischen Darstellungen für den linken Teil der komplexen n-Ebene mittels der Beziehung (112) und (114a) und beachtet, daß von den beiden in (116a) im cos enthaltenen Exponentialfunktionen jeweils die eine groß ist gegen die andere, sofern man sich nicht in der Nähe der reellen Achse befindet, so erkennt man, daß die Darstellungen (116) und (116a) in der gesamten komplexen Ebene gelten, ausgenommen die Umgebung der negativ reellen Achse.

19. Watsonsche Transformation der Greenschen Dyade der Kugel

Den Ausdruck (103a) kann man in ein Umlaufintegral verwandeln, wenn man beachtet, daß die Funktion $\frac{1}{\cos\nu\pi}$ die folgenden Residuen bei halbzahligen Werten von ν besitzt

$$\operatorname{Res}\left(\frac{1}{\cos\nu\pi}\right) = -\frac{(-1)^n}{\pi} \text{ bei } \nu = n + \frac{1}{2}, \quad n \text{ ganz}. \tag{117}$$

Den Faktor $(-1)^n$ kann man in die Kugelfunktion ziehen; denn nach (114) gilt für ganzzahlige $n \geq 0$

$$P_n(-\mathfrak{e}\cdot\mathfrak{e}') = (-1)^n P_n(\mathfrak{e}\cdot\mathfrak{e}'). \tag{118}$$

Die Kugelfunktion ändert sich also um einen Faktor $(-1)^n$, wenn $\mathfrak{e}'$ das Vorzeichen wechselt. Man kann daher (103a) ersetzen durch den folgenden Integralausdruck

$$V = \frac{1}{16\sqrt{r\,r'}} \int\limits_C \frac{\nu\,d\nu}{\nu^2 - \frac{1}{4}} \cdot \frac{1}{\cos\nu\pi} H_\nu^{(1)}(k\,r')\left(H_\nu^{(2)}(k\,r) - B_\nu H_\nu^{(1)}(k\,r)\right) \cdot$$
$$\cdot P_{\nu-\frac{1}{2}}(-\mathfrak{e}\cdot\mathfrak{e}'). \tag{119}$$

Der Integrationsweg ist in Abb. 17 eingezeichnet. Er darf, da die Summe in (103a) mit $n = 1$ beginnt, den Punkt $^1/_2$ nicht umfassen. Wir deformieren ihn wie in Abb. 9, wobei die Beiträge der unendlich fernen Stücke des Weges genau wie beim Zylinder verschwinden, weil das Verhalten der Kugelfunktionen nach Gl. (116a) bis auf den langsam veränderlichen Faktor $\frac{1}{\sqrt{n}}$ im Unendlichen dasselbe ist wie das Verhalten der beim Zylinder auftretenden Winkelfunktionen. Das ganze Integral zerfällt in zwei Teile, nämlich ein Umlaufsintegral um die Polstellen von B_ν [s. (104a)] und ein Restintegral, welches wir symmetrisch durch den Nullpunkt legen können (etwa von $+i\infty$ nach $-i\infty$), wenn wir das Residuum im Punkte $^1/_2$ gesondert berücksichtigen. Die Symmetrie dieses Weges können wir benützen, um im Integranden den Mittelwert an der Stelle ν und $-\nu$ einzuführen. Mit den

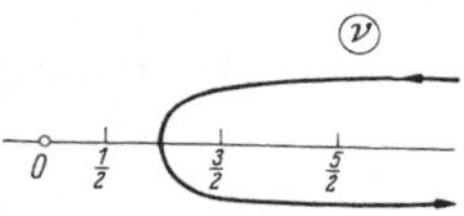

Abb. 17. Weg für die Integraldarstellung der Greenschen Dyade

Abkürzungen

$$N_\nu^\pm \equiv H_\nu^{(1)}(k\,a)\left[J'_{\pm\nu}(k_i a) + \frac{1}{2k_i\,a}\,J_{\pm\nu}(k_i a)\right] - \sqrt{\frac{\mu\,\varepsilon_i}{\varepsilon\,\mu_i}}\,J_{\pm\nu}(k_i a)\,\cdot \\ \cdot\left[H_\nu^{(1)\prime}(ka) + \frac{1}{2k_i\,a}\,H_\nu^{(1)}(ka)\right] \tag{120}$$

erhält man dann unter Benützung der Wronski-Determinanten-Beziehungen (72a) für das Restintegral den Ausdruck

$$\frac{i}{4\,\pi^2\,k\,k_i\,a^2\sqrt{r\,r'}}\sqrt{\frac{\mu\,\varepsilon_i}{\varepsilon\,\mu_i}}\int\limits_{+i\infty}^{-i\infty}\frac{\nu\,d\nu}{\nu^2-\frac{1}{4}}\cdot\frac{\sin\nu\,\pi}{\cos\nu\,\pi}\cdot\frac{H_\nu^{(1)}(k\,r')\,H_\nu^{(1)}(k\,r)}{N^+\,N^-}\cdot \\ \cdot P_{\nu-\frac{1}{2}}(-\,\mathfrak{e}\cdot\mathfrak{e}').$$

Im Gegensatz zum Fall des Zylinders verschwinden hier nicht automatisch die Pole auf der reellen Achse, da diesmal $\cos\nu\,\pi$ an Stelle von $\sin\nu\,\pi$ im Nenner steht. Doch kann man immerhin die Pole auf der positiven Hälfte der reellen Achse zum Verschwinden bringen, wenn man die Beziehungen (112) und (113) für die Kugelfunktionen benützt. Spaltet man die in ν gerade Größe $\nu\,\sin\nu\,\pi\cdot P_{\nu-\frac{1}{2}}(-\,\mathfrak{e}\cdot\mathfrak{e}')$ in folgender Weise auf

$$\nu\,\sin\nu\,\pi\cdot P_{\nu-\frac{1}{2}}(-\,\mathfrak{e}\cdot\mathfrak{e}') = \\ = \frac{\nu}{2}\left[e^{i\left(\nu-\frac{1}{2}\right)\pi}\,P_{\nu-\frac{1}{2}}(-\,\mathfrak{e}\cdot\mathfrak{e}') - P_{\nu-\frac{1}{2}}(\mathfrak{e}\cdot\mathfrak{e}')\right] \\ = -\frac{\nu}{2}\left[e^{-i\left(\nu+\frac{1}{2}\right)\pi}\,P_{\nu-\frac{1}{2}}(-\,\mathfrak{e}\cdot\mathfrak{e}') - P_{\nu-\frac{1}{2}}(\mathfrak{e}\cdot\mathfrak{e}')\right],$$

so hat man einen ersten Klammerausdruck, welcher für alle positiv halbzahligen Werte von ν verschwindet und einen zweiten, der bei den negativ halbzahligen ν gleich null ist. Führt man in den zweiten Summanden $-\,\nu$ an Stelle von ν ein (was wegen der Symmetrie des restlichen Faktors im Integranden erlaubt ist), dann hat der gesamte Ausdruck bei positiv halbzahligen ν-Werten Nullstellen, welche die Pole von $\frac{1}{\cos\nu\,\pi}$ kompensieren. Überdies steht der gewonnene Ausdruck im Zusammenhang mit der in (114a) definierten Kugelfunktion zweiter Art; die Umformung bedeutet die folgende Ersetzung

$$\frac{\nu\sin\nu\,\pi}{\cos\nu\,\pi}\,P_{\nu-\frac{1}{2}}(-\,\mathfrak{e}\cdot\mathfrak{e}') \to -\,2i\,\nu\,Q^{(2)}_{\nu-\frac{1}{2}}(-\,\mathfrak{e}\cdot\mathfrak{e}'). \tag{121}$$

Damit ist der Integrand in eine Gestalt gebracht, welche es erlaubt, auch das Restintegral in eine Watsonsche Residuensumme umzuwandeln.

Freilich erhält man noch Beiträge von dem Pol $\nu = 1/2$ des Integranden; diese sind teils bei $\vartheta = 0$, teils bei $\vartheta = \pi$ singulär und haben (nach Streichung winkelunabhängiger Summanden, welche zu (102) nichts beitragen) die folgende Gestalt:

$$V_{\frac{1}{2}} = \frac{i}{8} \cdot \frac{e^{ikr}}{krr'} \left\{ \left(e^{ikr'} + \frac{B_{\frac{1}{2}} - B_{-\frac{1}{2}}}{2} e^{ikr} \right) \log (1 - \mathfrak{e} \cdot \mathfrak{e}') + \right.$$
$$\left. + \frac{B_{\frac{1}{2}} + B_{-\frac{1}{2}}}{2} e^{ikr} \log (1 + \mathfrak{e} \cdot \mathfrak{e}') \right\}. \tag{122}$$

Die darin enthaltenen Koeffizienten sind nach (104) (s. Magnus-Oberhettinger [1948] S. 27):

$$B_{\frac{1}{2}} = \bar{B}_{-\frac{1}{2}} = e^{-2ika} \frac{\sqrt{\frac{\mu\,\varepsilon_i}{\varepsilon\,\mu_i}} - i \cot k_i a}{\sqrt{\frac{\mu\,\varepsilon_i}{\varepsilon\,\mu_i}} + i \cot k_i a};$$
$$B_{-\frac{1}{2}} = \bar{B}_{\frac{1}{2}} = -e^{-2ika} \frac{\sqrt{\frac{\mu\,\varepsilon_i}{\varepsilon\,\mu_i}} + i \tan k_i a}{\sqrt{\frac{\mu\,\varepsilon_i}{\varepsilon\,\mu_i}} - i \tan k_i a}. \tag{123}$$

Das singuläre Verhalten von (122) bei $\vartheta = 0, \pi$ wird natürlich durch den restlichen aus der Watson-Transformation entstandenen Ausdruck kompensiert, da ja die ursprüngliche Summe außer der primären Welle keine Singularität aufweist

Für Material, welches nicht stark absorbiert, treten hier genau dieselben Schwierigkeiten auf wie beim Zylinder; die Residuensummen derjenigen Polstellen, welche in der Nähe der Nullstellen der Bessel-Funktion liegen, lassen sich nicht einfach aufsummieren. Man muß daher die Entwicklung nach Regenbogentermen nach dem Vorbild von van der Pol-Bremmer und Beckmann vornehmen. Man verlegt zu diesem Zweck den Integrationsweg entsprechend Abb. 15 mit dem einzigen Unterschied, daß ein zusätzliches Umlaufintegral um den Punkt $1/2$ im positiven Sinne auftritt. Statt (119) kommt dann

$$V = -\frac{1}{16\sqrt{r\,r'}} \int\limits_{D_2' + D_1} \frac{\nu\, d\nu}{\nu^2 - \frac{1}{4}} \frac{1}{\cos \nu\pi} H_\nu^{(1)}(kr') \left\{ H_\nu^{(2)}(kr) - \frac{H_\nu^{(2)}(ka)}{H_\nu^{(1)}(ka)} \cdot \right.$$
$$\left. \cdot \left[R_{12} - \frac{H_\nu^{(1)}(k_i a)}{H_\nu^{(2)}(k_i a)} \frac{T_{12}\, T_{21}}{1 - \frac{H_\nu^{(1)}(k_i a)}{H_\nu^{(2)}(k_i a)} R_{21}} \right] H_\nu^{(1)}(kr) \right\} P_{\nu - \frac{1}{2}}(-\mathfrak{e} \cdot \mathfrak{e}'); \tag{124}$$

mit

$$R_{12} = \frac{\frac{1}{2k_i a} + \log' H_\nu^{(2)}(k_i a) - \sqrt{\frac{\mu\,\varepsilon_i}{\varepsilon\,\mu_i}}\left[\frac{1}{2ka} + \log' H_\nu^{(2)}(ka)\right]}{\frac{1}{2k_i a} + \log' H_\nu^{(2)}(k_i a) - \sqrt{\frac{\mu\,\varepsilon_i}{\varepsilon\,\mu_i}}\left[\frac{1}{2ka} + \log' H_\nu^{(1)}(ka)\right]}; \quad (125\text{a})$$

$$R_{21} = -\frac{\frac{1}{2k_i a} + \log' H_\nu^{(1)}(k_i a) - \sqrt{\frac{\mu\,\varepsilon_i}{\varepsilon\,\mu_i}}\left[\frac{1}{2ka} + \log' H_\nu^{(1)}(ka)\right]}{\frac{1}{2k_i a} + \log' H_\nu^{(2)}(k_i a) - \sqrt{\frac{\mu\,\varepsilon_i}{\varepsilon\,\mu_i}}\left[\frac{1}{2ka} + \log' H_\nu^{(1)}(ka)\right]}. \quad (125\text{b})$$

Den Beitrag vom Pol $^1/_2$, der im Endresultat wieder von der Gestalt (122) wird, lassen wir zunächst weg. Zu dem Integral über D_1 liefert nur der gerade Teil des Integranden einen Beitrag, den man wie beim Zylinder umformen kann (s. Gln. (77), (78)); im Gegensatz zum Zylinder fällt wieder der Nenner $\cos \nu \pi$ nicht ohne weiteres fort, man muß vielmehr Gl. (121) benützen, um die Polstellen auf dem positiven Teil der reellen Achse zu beseitigen. Man erhält so schließlich für V die Aufspaltung:

$$V = V_{p,r} + V_g + V_\varkappa + V_{\frac{1}{2}} \,. \quad (126)$$

Darin ist

$$V_{p,r} = -\frac{1}{16\sqrt{r r'}} \int_{D_2} \frac{\nu\, d\nu}{\nu^2 - \frac{1}{4}} \frac{1}{\cos \nu \pi} H_\nu^{(1)}(kr') \Big\{ H_\nu^{(2)}(kr) - R_{12} \cdot \\ \cdot \frac{H_\nu^{(2)}(ka)}{H_\nu^{(1)}(ka)} H_\nu^{(1)}(kr) \Big\} P_{\nu-\frac{1}{2}}(-\mathfrak{e} \cdot \mathfrak{e}') \quad (127)$$

der Anteil, welcher Primärwelle und reflektierte Welle enthält; weiter ist

$$V_g = -\frac{1}{8\sqrt{r r'}} \sum_{l=0}^{\infty} \sum_{m=0}^{l} \int_{D_1} \frac{\nu\, d\nu}{\nu^2 - \frac{1}{4}} H_\nu^{(1)}(kr') H_\nu^{(1)}(kr) \frac{H_\nu^{(2)}(ka)}{H_\nu^{(1)}(ka)} \cdot \\ \cdot T_{12} T_{21} \left(\frac{H_\nu^{(1)}(k_i a)}{H_\nu^{(2)}(k_i a)}\right)^{l+1} R_{21}^l Q_{\nu-\frac{1}{2}}^{(2)}(-\mathfrak{e} \cdot \mathfrak{e}') \cdot e^{2\pi i \nu \left(m + \frac{1}{2}\right)} \quad (128)$$

eine nach der Sattelpunktsmethode auszuwertende Serie von Linsen- und Regenbogentermen; ferner

$$V_k = \frac{1}{16\sqrt{r r'}} \sum_{l=0}^{\infty} \int_{D_2} \frac{\nu\, d\nu}{\nu^2 - \frac{1}{4}} \frac{1}{\cos \nu \pi} H_\nu^{(1)}(kr') H_\nu^{(1)}(kr) \frac{H_\nu^{(2)}(ka)}{H_\nu^{(1)}(ka)} \\ T_{12} T_{21} \left(\frac{H_\nu^{(1)}(k_i a)}{H_\nu^{(2)}(k_i a)}\right)^{l+1} R_{21}^l e^{2\pi i \nu (l+1)} P_\nu(-\mathfrak{e} \cdot \mathfrak{e}') \quad (129)$$

ein Integral über D_2, welches als Residuensumme über die Nullstellen von R_{21} Kriechwellen liefert, welche das Innere der Kugel durchsetzt haben; und schließlich $V_{1/2}$ der Ausdruck (122); er enthält alle Anteile von dem Pol $\nu = {}^1/_2$, welche man erhält, nachdem man den Weg D_1 zum Zweck der Sattelpunktsauswertung wieder nach rechts über diesen Pol weggezogen hat.

Die Abspaltung der geometrischen Welle für einen im beleuchteten Gebiet gelegenen Aufpunkt vollzieht sich genau wie in Ziffer 14 beim Zylinder, wobei lediglich an Stelle von (52) die Beziehung (114a) in der Gestalt

$$P_{\nu-\frac{1}{2}}(-\mathfrak{e}\cdot\mathfrak{e}') = e^{\pi\left(\nu-\frac{1}{2}\right)} P_{\nu-\frac{1}{2}}(\mathfrak{e}\cdot\mathfrak{e}') + 2i\cos\nu\pi\, Q^{(2)}_{\nu-\frac{1}{2}}(\mathfrak{e}\cdot\mathfrak{e}') \tag{130}$$

zu verwenden ist. Da die Kugelfunktionen sich (mit Ausnahme der Umgebung der Kugelpole) weitgehend asymptotisch wie die harmonischen Funktionen aus Gl. (52) verhalten, verläuft die weitere Diskussion im wesentlichen wie beim Zylinder. Deshalb seien im folgenden nur noch die asymptotischen Formeln für idealleitende Kugeln kurz angegeben.

20. Asymptotische Formeln für die Beugung an idealleitenden Kugeln

In den asymptotischen Formeln für V und $\overline{V}$ tritt gegenüber dem Fall des Zylinders eine Komplikation dadurch ein, daß die Kriechwellen bei $\mathfrak{r} \,||\, \pm \mathfrak{r}'$ fokussiert werden; sie erleiden beim Durchgang durch den Fokus einen Phasenverlust von $\frac{\pi}{2}$ und können in der näheren Umgebung dieser Achse nicht asymptotisch durch die Exponentialfunktionen (116), sondern nur durch Bessel-Funktionen beschrieben werden. Die numerischen Endformeln kann man in folgender Weise darstellen: Der geometrisch reflektierte Anteil wird

$$\Gamma_R(\vartheta) \sim (\mathfrak{e}_R \times \mathfrak{n}\,\mathfrak{n} \times \mathfrak{e}_R - \mathfrak{n}\,\mathfrak{n})\mu \sqrt{\frac{p\sqrt{a^2-p^2}}{2d\,d' + \sqrt{a^2-p^2}\,(d+d')}} \cdot \frac{e^{ik(d+d')}}{4\pi\sqrt{r\,r'}\sin\vartheta}. \tag{131}$$

Darin ist $\mathfrak{n}$ der auf $\mathfrak{e}$ und $\mathfrak{e}'$ senkrechte Einheitsvektor $\mathfrak{n} = \frac{\mathfrak{e}\times\mathfrak{e}'}{|\mathfrak{e}\times\mathfrak{e}'|}$ und $\mathfrak{e}_R'$ bzw. $\mathfrak{e}_R$ ist der Einheitsvektor in Richtung des zum Punkte $\mathfrak{r}$ bzw. $\mathfrak{r}'$ reflektierten Strahls, also die Richtung der Strecken d bzw. d' von Abb. 13. Auch p hat die aus Abb. 13 ersichtliche Bedeutung. Für die Kriechwelle erhält man

$$\Gamma_{kr}(\vartheta) \sim -\frac{\mu\,(ka)^{5/6}}{4\pi k\sqrt{2rr'}\sqrt{r^2-a^2}\sqrt{r'^2-a}\,\sin\vartheta} \cdot \tag{132}$$

$$\cdot \sum_{\pm}\Big[\sum_l \mathfrak{e}_{kr}^{\pm} \times \mathfrak{n}\,\mathfrak{n} \times \mathfrak{e}_{kr}^{\pm}\, C_l\, S(\nu_l, \pi\pm\vartheta) + \mathfrak{n}\,\mathfrak{n}\sum_l \overline{C}_l\, S(\nu_l, \pi\pm\vartheta)\Big].$$

$\mathfrak{e}_{kr}$ und $\mathfrak{e}'_{kr}$ sind die Einheitsvektoren der nach $\mathfrak{r}$ bzw. der nach $\mathfrak{r}'$ abstrahlenden Kriechwelle; der Index $\pm$ unterscheidet dabei die beiderlei Kriechwellen, welche in Richtung wachsenden bzw. abnehmenden Wertes von ϑ laufen. Die Funktion $S(\nu, \chi)$ bedeutet den folgenden charakteristischen Faktor der Kriechwellenamplitude:

$$S(\nu, \chi) \equiv \varepsilon \frac{e^{ik(\sqrt{r^2-a^2}+\sqrt{r'^2-a^2})}}{1+e^{2\pi i \nu}} \cdot e^{i\nu\left(\arcsin\frac{a}{r}+\arcsin\frac{a}{r'}+\chi\right)+i\frac{\pi}{12}} \tag{133}$$

Die Größe ε enthält den besprochenen Phasensprung beim Durchgang durch die Kugelachse; sie bedeutet

$$\varepsilon = \begin{cases} 1 \\ e^{i\frac{\pi}{4}} \\ i \end{cases} \quad \text{für } \cos\frac{\chi}{2} \begin{cases} < 0 \\ = 0 \\ > 0 \end{cases}. \tag{134}$$

Wegen der Fokussierung der Kriechwellen sind die angegebenen Formeln nicht brauchbar, wenn $\mathfrak{r}$ und $\mathfrak{r}'$ mit dem Kugelmittelpunkt nahezu auf einer Geraden liegen. Die Formeln werden für diesen Fall ziemlich kompliziert und vereinfachen sich nur, wenn exakt $\mathfrak{e} \times \mathfrak{e}' = 0$. Die Formeln für $\vartheta = 0$ (Rückbeugung) seien noch angegeben. Um sie zu gewinnen, führt man am besten in (102) die Differentiationen bereits an der Summe (103) aus und führt erst dann die Watson-Transformation durch. Die Bildung der Ableitungen (102) wird ziemlich einfach, weil für $\mathfrak{e} = \mathfrak{e}'$ gilt

$$\mathfrak{e} \times \mathfrak{e}' = 0; \qquad P'_n(\mathfrak{e}\cdot\mathfrak{e}') = \frac{n(n+1)}{2} P_n(\mathfrak{e}\cdot\mathfrak{e}');$$

$$P''_n(\mathfrak{e}\cdot\mathfrak{e}') = \frac{(n-1)\,n\,(n+1)(n+2)}{8} P_n(\mathfrak{e}\cdot\mathfrak{e}').$$

Für die reflektierte Welle erhält man so

$$\Gamma_R(0) \sim (\mathfrak{e}\,\mathfrak{e} - I)\frac{\mu a}{2d\,d' + a(d+d')} \cdot \frac{e^{ik(d+d')}}{4\pi}. \tag{135}$$

Diese Formel kann auch aus (131) durch den Grenzübergang $\vartheta \to 0$ erhalten werden. Dagegen werden die Formeln für die fokussierten Kriechwellen von (132) wesentlich verschieden:

$$\Gamma_{kr}(0) \sim \frac{\mu (ka)^{4/3}}{8\sqrt{\pi k}\sqrt{r r'}\sqrt{r^2-a^2}\sqrt{r'^2-a^2}} \left[\left\{(I-\mathfrak{e}\,\mathfrak{e})\frac{\sqrt{r^2-a^2}\sqrt{r'^2-a^2}}{r r'}\right.\right.$$

$$\left.\left. -2\,\mathfrak{e}\,\mathfrak{e}\frac{a^2}{r r'}\right\} \sum_l C_l\, S(\nu_l, \pi) - (I-\mathfrak{e}\,\mathfrak{e}) \sum_l \overline{C}_l\, S(\overline{\nu}_l, \pi)\right]. \tag{136}$$

Die Strahlung ist in diesem Fall um eine Größenordnung $\sqrt{k\,a}$ größer als (132), was physikalisch darauf zurückzuführen ist, daß hier nicht nur die Umgebung zweier Kugelpunkte, sondern der gesamte Kugeläquator die Kriechwelle zustrahlt.

Für die Streuung nach vorwärts ($\vartheta = 0$) ergibt sich für Γ ein ähnlicher Ausdruck wie (136); man hat dort lediglich $S(\nu_l, \pi)$ durch $-S(\nu_l, 0)$ zu ersetzen und $S(\bar{\nu}_l, \pi)$ durch $S(\bar{\nu}_l, 0)$. Allerdings wird diese Formel unbrauchbar, wenn r und r' groß gegen a werden; dann befinden sich nämlich die beiden Punkte in der Nähe der Schattengrenze, und die Beiträge der aufeinanderfolgenden Kriechwellen nehmen nicht wesentlich ab. Die asymptotische Formel für diesen Fall gewinnt man am einfachsten aus der Kirchhoffschen Beugungstheorie (siehe Ziffer 25); man hat

$$\text{für } r \gg a; \quad r' \gg a:$$

$$\Gamma(\pi) \sim (I - \mathfrak{e}\,\mathfrak{e}) \frac{i\,k\,a^2}{8\pi\,r\,r'} e^{ik(r+r')}. \tag{137}$$

Hierzu kommen Korrekturglieder von der Größenordnung $\frac{(k\,a)^{4:3}}{k\,r\,r'}$, welche jedoch noch nicht genau bekannt sind.

21. Integralgleichung für die Beugung am schwachgekrümmten Objekt

Während die im vorangehenden dargestellte Methode der Trennung der Variablen und der Watson-Transformation auf wenige spezielle Flächen zweiter Ordnung beschränkt bleibt, kann man über die Beugung an schwachgekrümmten Objekten beliebiger Gestalt mit Hilfe der in Ziffer 10 beschriebenen Integralgleichungsmethode Aussagen gewinnen. Für ein idealleitendes Metall greift man dabei am besten auf Gl. I (77) zurück und führt an Stelle von $\mathfrak{H}_{||}$ den in der Fläche gelegenen Vektor

$$\mathfrak{J} \equiv \mathfrak{n} \times \mathfrak{H} \tag{138}$$

ein, worin $\mathfrak{n}$ der Einheitsvektor in der Richtung der äußeren Flächennormalen ist. Indem man I (77) vektoriell mit $\mathfrak{n}$ multipliziert, erhält man so ($d\mathfrak{o}' = -\mathfrak{n}\,df'$; df' = skalares Flächenelement):

$$\mathfrak{J}(\mathfrak{r}) = 2\mathfrak{J}_0(\mathfrak{r}) + \frac{1}{2\pi}\mathfrak{n} \times \int df'\,\mathfrak{J}(\mathfrak{r}') \times \operatorname{grad}'\left(\frac{e^{ik|\mathfrak{r}'-\mathfrak{r}|}}{|\mathfrak{r}'-\mathfrak{r}|}\right). \tag{139}$$

Das erste Glied $2\mathfrak{J}_0$ der rechten Seite stellt diejenige Erregung dar, welche auf einer idealleitenden ebenen Fläche vorhanden wäre, der zweite (Integral-)Term kann als die Zustrahlung betrachtet werden, welche von den sämtlichen Punkten $\mathfrak{r}'$ der Fläche infolge der Erregung $\mathfrak{J}$ an den Punkt $\mathfrak{r}$ gelangt. Im Limes großer Objekte kann man die Differentialgleichung [Franz-Deppermann 1952] mittels der Methode der stationären Phase näherungsweise behandeln. Auf der beleuchteten

Seite der Oberfläche setzt man dabei $\mathfrak{F}$ mit dem Phasenfaktor der Primärstrahlung an — also $\exp(i\,k\,|\mathfrak{r}' - \mathfrak{r}_0|)$ — mit einem nur langsam vom Ort abhängigen Koeffizienten. Die Phase des Integranden von (139) wird dann dort stationär, wo

$$0 = \frac{\partial}{\partial \mathfrak{r}'}\left(|\mathfrak{r}' - \mathfrak{r}_0| + |\mathfrak{r}' - \mathfrak{r}|\right) = \frac{\mathfrak{r}' - \mathfrak{r}_0}{|\mathfrak{r}' - \mathfrak{r}_0|} + \frac{\mathfrak{r}' - \mathfrak{r}}{|\mathfrak{r}' - \mathfrak{r}|}. \qquad (140)$$

Dies bedeutet, daß $\mathfrak{r}'$ auf der geradlinigen Verbindung von $\mathfrak{r}$ nach $\mathfrak{r}_0$ gelegen ist; $\mathfrak{r}'$ ist also gerade derjenige Punkt der Fläche, welcher geometrisch optisch auf den Punkt $\mathfrak{r}$ Schatten wirft; man kann das Integral vernachlässigen, wenn $\mathfrak{r}$ im Licht liegt. Liegt $\mathfrak{r}$ dagegen im Schatten, so kommt der wesentliche Beitrag zu dem Integral aus der Umgebung der schattenwerfenden Stelle des beleuchteten Flächenteiles, ist somit unabhängig von der Ausdehnung der Fläche außerhalb dieses Gebietes; daraus ist zu schließen, daß der Integralanteil gerade die Größe $2\mathfrak{F}_0(\mathfrak{r})$ kompensiert, da für eine sehr weite ausgedehnte Fläche ohne Zweifel auf der Rückseite die gesamte Erregung null sein muß, und die Flächenteile außerhalb des schattenwerfenden Gebietes ohne Einfluß auf das Integral sind.

Soweit würde man also auf der beleuchteten Seite des Objekts die Erregung $2\mathfrak{F}_0$, in der Schattenseite die Erregung null erwarten, wenn nicht die angeführte Überlegung am Schattenrand ungültig würde. Von dort aus kriecht nämlich die Erregung längs geodätischer Linien, welche die Primärrichtung tangieren, in das Schattengebiet hinein. Die Phase wird proportional zur Bogenlänge s auf diesen geodätischen Linien, so daß der gesamte Phasenfaktor von (139) wird $\exp[i\,k\,(s' + |\mathfrak{r}' - \mathfrak{r}|)]$. Dies ist genau dann stationär, wenn mit wachsendem s' die Größe $|\mathfrak{r}' - \mathfrak{r}|$ im selben Maße abnimmt, und dies ist gerade dann der Fall, wenn $\mathfrak{r}'$ auf der geodätischen Linie kurz vor dem Punkte $\mathfrak{r}$ gelegen ist. Man bekommt daher für einen im Schatten gelegenen Punkt $\mathfrak{r}$ Beiträge nur aus dem Schattengebiet, und zwar nur eine Zustrahlung der nächsten Umgebung von der Lichtseite her. Da die Inhomogenität von (139) durch den Beitrag der Lichtseite zum Integral kompensiert wird, bleibt für die Schattenseite selbst nur die homogene Integralgleichung

$$\mathfrak{F}(\mathfrak{r}) = \frac{1}{2\pi}\,\mathfrak{n} \times \int\limits_{\text{Schatten}} df'\,\mathfrak{F}(\mathfrak{r}') \times \operatorname{grad}'\left(\frac{e^{i\,k\,|\mathfrak{r}' - \mathfrak{r}|}}{|\mathfrak{r}' - \mathfrak{r}|}\right). \qquad (141)$$

übrig. Bis jetzt ist allerdings diese Gleichung nur für Kugel und Zylinder gelöst worden, wobei die sich auch aus der Watson-Transformation ergebenen Kriechwellen resultieren. Der weitere Gang der Rechnung sei für den Fall des Kreiszylinders kurz skizziert. Beschränkt man sich hier wie in den früheren Abschnitten auf zylindersymmetrische Lösungen, so ist nur die Größe $|\mathfrak{r}' - \mathfrak{r}|$ von z abhängig. Führt man Zylinderkoordinaten z, φ' für die Integration ein, so wird $df' = a\,d\varphi'\,dz$, und die

Integration nach z führt auf eine Hankel-Funktion (Magnus-Oberhettinger [1948], S. 38):

$$\int_{-\infty}^{+\infty} dz \frac{e^{ik\sqrt{\varrho^2+z^2}}}{\sqrt{\varrho^2+z^2}} = i\pi H_0^{(1)}(k\varrho). \tag{142}$$

ϱ soll darin den Abstand der Punkte $\mathfrak{r}'$ und $\mathfrak{r}$ in der Projektion auf die Ebene $z=0$ bedeuten. Nimmt man nun etwa $\mathfrak{H}$ parallel, also $\mathfrak{F}$ senkrecht zur Mantellinie an (für $\mathfrak{F}$ parallel zur Mantellinie ergibt sich lediglich ein anderes Vorzeichen), so erhält man für den Betrag von $\mathfrak{F}$ die folgende skalare Gleichung

$$F(\varphi) = -\frac{ika}{2} \int_{\text{Schatten}} d\varphi' \sin\left|\frac{\varphi'-\varphi}{2}\right| H_1^{(1)}\left(2ka\sin\frac{\varphi'-\varphi}{2}\right) F(\varphi'). \tag{143}$$

Die Hankel-Funktion $H_1^{(1)}$ tritt hierin als negative Ableitung von $H_0^{(1)}$ auf. Die Wegstrecke längs der geodätischen Linie ist gegeben durch $a\varphi$, und deshalb spalten wir von F den Phasenfaktor $\exp(ika\varphi)$ ab:

$$F(\varphi) = A(\varphi)\, e^{ika\varphi}. \tag{144}$$

Für die langsam veränderliche Amplitudenfunktion ergibt sich dann im Limes $ka \gg 1$ die Integralgleichung

$$A(\varphi) = e^{\frac{3\pi i}{4}} \sqrt{\frac{ka}{4\pi}} \int d\varphi' \left|\sin\frac{\varphi'-\varphi}{2}\right|^{\frac{1}{2}} A(\varphi')\, e^{ika\left(\varphi'-\varphi+2\sin\left|\frac{\varphi'-\varphi}{2}\right|\right)}. \tag{145}$$

Es ist leicht, hier nochmals explizit festzustellen, daß ein Beitrag stationärer Phase zu dem Integral nur aus der unmittelbaren Umgebung von φ, und zwar von kleineren Werten ($\varphi' < \varphi$) kommt. Deshalb führen wir die Variable $\tau = \varphi - \varphi'$ ein, behalten im Integranden jeweils nur die niedrigste Potenz von τ bei und integrieren über die positiven τ-Werte allein, wobei wir die obere Grenze nach ∞ verlegen können, da von großen τ-Werten sowieso kein Beitrag zu erwarten ist. Auf diese Weise ergibt sich die Integralgleichung

$$A(\varphi) = e^{\frac{3\pi i}{4}} \sqrt{\frac{ka}{8\pi}} \int_0^{\infty} A(\varphi-\tau)\sqrt{\tau}\, e^{-i\frac{ka}{24}\tau^3}\, d\tau. \tag{146}$$

Sie läßt sich durch einen Exponentialansatz befriedigen, welchen man bequemerweise in die Form bringt

$$A(\varphi) = e^{-\alpha\left(\frac{ika}{24}\right)^{\frac{1}{3}}\varphi}. \tag{147}$$

Für den Koeffizienten α ergibt sich dann aus (146) die transzendente von $k\,a$ freie Gleichung

$$1 = i\sqrt{\frac{3}{\pi}} \int_0^\infty t^{\frac{1}{2}}\, e^{\alpha t - t^3}\, dt. \tag{148}$$

Man kann zeigen [Franz 1954], daß dies identisch ist mit der folgenden Gleichung

$$A'\left(\frac{e^{i\frac{\pi}{3}}}{4^{\frac{1}{3}}}\alpha\right) \cdot A\left(\frac{e^{-i\frac{\pi}{3}}}{4^{\frac{1}{3}}}\alpha\right) = 0. \tag{149}$$

A ist hierin wie früher das Airysche Integral. Durch Vergleich von Gl. (60) und (61) für die Polstellen der Watsonschen Transformation mit den jetzigen Gl. (144) und (147) erkennt man, daß die Lösungen der homogenen Integralgleichung (141) bzw. (143) identisch sind mit dem Resultat der Watson-Transformation.

Weit schwieriger als die Behandlung der Integralgleichung im Licht- oder im Schattengebiet ist es, das Verhalten der Erregung im Übergangsgebiet zwischen Licht und Schatten anzugeben. Nur die Behandlung des Übergangsgebiets kann Antwort auf die Frage geben, in welcher Stärke die verschiedenen Lösungen der homogenen Wellengleichung des Schattengebietes durch die an der Licht-Schattengrenze eintreffende primäre Erregung angeregt werden. Für Kugel und Zylinder ist die Antwort aus dem Resultat der Watson-Transformation bekannt, und zwar ist die Anregung der Kriechwellen in diesen beiden Fällen dieselbe, sofern der Radius der Kugel und des Kreiszylinders übereinstimmen. Man wird daher annehmen dürfen, daß in guter Näherung auch bei anderen Objekten die Anregung der Kriechwellen auf einer tangentiell angestrahlten geodätischen Linie dieselbe ist wie auf einem Kugelgroßkreis gleicher Krümmung.

Die Kriechwellen, wie sie sich aus der Integralgleichungstheorie ergeben, sind ein interessanter Spezialfall eines verallgemeinerten Fermatschen Prinzips [J. B. Keller 1956], welches zu einer Erweiterung der Strahlenoptik führt: Ein Strahl, welcher tangierend die Oberfläche des Objektes trifft, längs einer geodätischen Linie weiterläuft und dann tangierend als gerader Strahl zum Aufpunkt geht, ist eine (relativ) kürzeste Verbindung zwischen Quell- und Aufpunkt.

III. Abschnitt

Beugung an Objekten mit Kanten

22. Beugung am Keil nach Sommerfeld

Die exakte Lösung für die Beugung an einem ideal reflektierenden Keil wurde von A. Sommerfeld [1895] angegeben. Ausgangspunkt seiner Überlegung war die Tatsache, daß man die Beugung an einer ideal reflektierenden vollen Ebene einfach mit Hilfe einse Spiegelungsprinzips behandeln kann: Nimmt man zu der vor der spiegelnden Ebene befindlichen wirklichen Welt noch die im Spiegel sichtbare „Spiegelwelt" hinzu, so erhält man einen vollen Raum, in welchem sich außer den wirklichen Lichtquellen noch hinter der Spiegelfläche Spiegelbilder der Lichtquellen befinden. Die Spiegelung hat dabei so zu erfolgen, daß an den Spiegelpunkten die elektrische Schwingung parallel zur Spiegelebene dieselbe ist, dagegen die Komponente senkrecht zur Spiegelebene entgegengesetzt. Aus Symmetriegründen verschwindet dann auf der spiegelnden Ebene die zu ihr parallele Komponente des elektrischen Feldes, wie es die Randbedingung für ein idealleitendes Material verlangt. Hat man nun an Stelle einer Vollebene einen aus zwei Halbebenen bestehenden völlig spiegelnden Keil (s. Abb. 18) vom Außenwinkel χ, so kann man durch eine ganz analoge Überlegung die Lösung des Beugungsproblems finden. Man tritt durch die beiden spiegelnden Flächen in zwei verschiedene „Spiegelwelten" ein, in welchen man das Spiegelbild der gesamten wirklichen Welt wiederfindet. Dieses Spiegelbild enthält allerdings auch die jeweils andere Spiegelfläche und die hinter ihr anschließende Spiegelwelt erneut. Die wirkliche Welt erfüllt zusammen mit den so erzeugten Spiegelwelten offenbar einen an der Spiegelkante verzweigten Raum, dessen gesamte Erscheinungen sich überdies mit der Winkelperiode 2χ wiederholen: Ordnet man etwa in dem Querschnitt senkrecht zur Spiegelachse (s. Abb. 18) der einen Spiegelfläche $\varphi = 0$, der anderen $\varphi = \chi$ zu, so gehört zu einer beim Winkel φ befindlichen Lichtquelle Q ein Spiegelbild Q^* beim Winkel $-\varphi$, ein anderes $Q^{*\prime}$ beim Winkelwert $2\chi - \varphi$; das letzte Spiegelbild ist zwar, wenn $\varphi < \chi - \pi$ wie in Abb. 18, vom Außenraum nicht direkt sichtbar, doch müssen wir damit rechnen, daß Licht von dieser Lichtquelle durch Beugung an der Kante in den wirklichen Außenraum eintritt. Durch weitere Spiegelungen an gespiegelten Spiegelflächen erhält man gleichartige Quellen bei den Winkelwerten $\varphi + 2n\chi$, und dazu spiegelbildliche Lichtquellen bei den Winkeln $2n\chi - \varphi$.

Beschränkt man sich auf das zylindersymmetrische (zweidimensionale) Problem, so wird man auf die skalare Schwingungsgleichung geführt (s. Ziffer 8); bei idealleitendem Objekt entspricht einer kantenparallelen elektrischen Schwingung die Randbedingung $u = 0$, einer kantenparallelen magnetischen Schwingung $\partial u/\partial n = 0$. Das skalare Problem wollen wir jedoch dreidimensional behandeln, da die dreidimensionale Greensche Funktion einfacher ist als die zweidimensionale — auf den zweidimensionalen Fall kann man jederzeit dadurch zurückgehen, daß man über die zur Kante parallele Koordinate integriert (leuchtende Linie). — Die Greensche Funktion des Keiles kann man

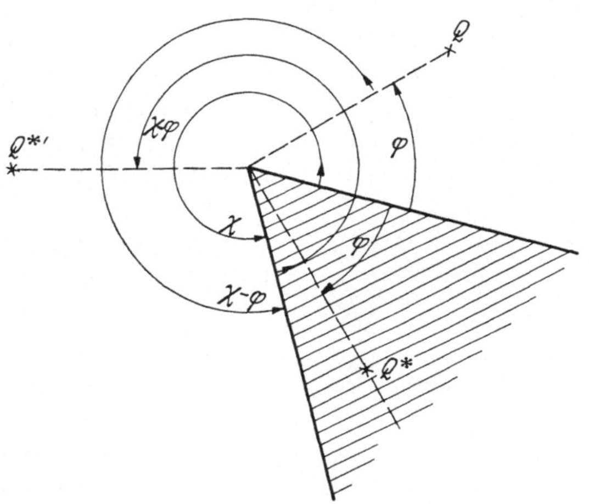

Abb. 18. Beugung am Keil

aus zwei Summanden gleicher Art zusammensetzen, nämlich der Strahlung aller periodischen Wiederholungen der primären Quelle und eines Spiegelbildes. Somit besteht die mathematische Aufgabe zunächst darin, die Greensche Funktion $G_\chi(P, Q)$ des verzweigten Raumes aufzufinden, welche im Winkel die Periodizität 2χ aufweist. Wir beachten zunächst, daß für $\chi = \pi$ der unverzweigte Raum (Periodizität 2π) vorliegt, dessen Greensche Funktion lautet

$$G_\pi(P, Q) = \frac{1}{4\pi\,|\mathfrak{r}_P - \mathfrak{r}_Q|} \cdot e^{ik|\mathfrak{r}_P - \mathfrak{r}_Q|}. \tag{1}$$

Mit Hilfe des Cauchyschen Integralsatzes formt Sommerfeld dies so um, daß ohne weiteres an Stelle von π ein beliebiger Kielwinkel χ eingeführt werden kann. Es gilt zunächst

$$G_\pi(P, Q) = \frac{1}{2\pi} \oint G_\pi(P, I) \frac{d\varphi_I}{1 - \exp[i(\varphi_Q - \varphi_I)]}, \tag{2}$$

wenn das Integral in der komplexen φ_I-Ebene rund um den Punkt φ_Q geführt wird (s. Abb. 19). Um in den Nenner mehrdeutige Funktionen des Winkels setzen zu können, muß man zunächst den Integrationsweg so verlegen, daß er überall nach dem Unendlichen ausläuft. Es gilt dazu, diejenigen Gebiete der φ_I-Ebene aufzufinden, in welchen das Integral konvergieren würde. Beschreibt man P und Q durch Zylinderkoordinaten z, ϱ, φ, so wird

$$r_{PI} \equiv |\mathfrak{r}_P - \mathfrak{r}_I| = \sqrt{(z_P - z_Q)^2 + \varrho_P^2 + \varrho_Q^2 - 2\varrho_P \varrho_Q \cos(\varphi_P - \varphi_I)}\,. \tag{3}$$

Für die Konvergenz von (2) ist nötig, daß die Exponentialfunktion in (1) im Unendlichen klein wird, und das heißt, daß r_{PI} einen nach Unendlich wachsenden positiven Imaginärteil besitzt. Dazu muß offenbar $\cos(\varphi_I - \varphi_P)$ gegen $-i\infty$ streben, was gerade in denjenigen Streifen der φ_I-Ebene der Fall ist, welche in Abb. 19 schraffiert sind. Auf der Grenze eines schraffierten Bereichs liegt jeweils ein Verzweigungspunkt des Wurzelausdrucks (3), welcher bei der Verlegung des Integrationsweges gemieden werden muß. Der Integrationsweg läßt sich nun in den in Abb. 19 eingezeichneten Weg C deformieren, wobei die beiden gestrichelten Kurven weggelassen werden können, da sie genau um 2π gegeneinander verschoben sind und im entgegengesetzten Sinne durchlaufen werden, so daß die Integrale über den periodischen Integranden sich kompensieren. — Einen Ausdruck analog zu (2), welcher in φ_I die Periode 2χ hat, können wir in der folgenden Gestalt ansetzen

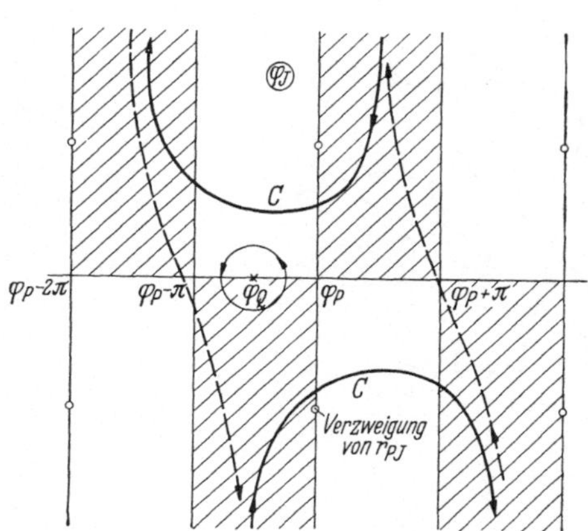

Abb. 19. Wege für die Integraldarstellung der Greenschen Funktion

$$G_\chi(P, Q) = \frac{1}{2\chi} \int_C G_\pi(P, I) \frac{d\varphi_I}{1 - \exp\left[i\frac{\pi}{\chi}(\varphi_Q - \varphi_I)\right]}\,. \tag{4}$$

Nicht nur in φ_Q, sondern auch in φ_P besitzt G_χ die Periode 2χ; läßt man nämlich φ_P um 2χ wachsen, so muß entsprechend Abb. 19 auch der Integrationsweg C verlegt werden (analytische Fortsetzung), und zwar wird er um 2χ nach rechts verschoben. Da der in (4) enthaltene Nennerausdruck in 2χ periodisch ist, übernimmt der Pol $\varphi_Q + 2\chi$ die Rolle der in in Abb. 19 bei φ_Q eingezeichneten Singularität, und das Integral erhält denselben Wert. (4) ist somit eine Funktion von der Periode 2χ, welche die Schwingungsgleichung erfüllt (da $G_\pi(P, I)$ Lösung der Schwingungsgleichung ist) und überdies bei $P = Q$ genau dieselbe Singularität besitzt wie G_π: indem man nämlich die in Abb. 19 eingezeichnete Deformation des Integrationsweges rückgängig macht, erhält man einen Umlauf um den Punkt φ_Q zusammen mit den negativ durchlaufenen schraffierten Wegstücken. Das Umlaufintegral liefert gerade die schlichte Funktion G_π, während die schraffierten Wege zu Integralen führen, welche auch für $\varphi_Q = \varphi_P$ regulär bleiben, da der Integrationsweg von allen Singularitäten der φ_I-Ebene ferngehalten werden kann. Bei dem Umlaufintegral um φ_Q ist dies nicht der Fall, da die beiden über und unter φ_P gelegenen Verzweigungspunkte der Wurzel für $\varphi_Q \to \varphi_P$ mit φ_Q und φ_P zusammenrücken.

Zu prüfen bleibt noch, ob die gefundene Lösung der Kantenbedingung genügt (s. Ziffer 7). Wir müssen zu diesem Zweck das Verhalten von $G_\chi(P, Q)$ für $\frac{\varrho_P\, \varrho_Q}{\varrho_P^2 + \varrho_Q^2} \ll 1$ untersuchen. Die Verzweigungspunkte von r_{IP} rücken dabei so weit von der reellen φ_I-Achse ab, daß in $\cos(\varphi_I - \varphi_P)$ die eine Exponentialfunktion gegen die andere vernachlässigt werden kann. Für den unter der reellen Achse gelegenen Teil des Integrationsweges führt man als Integrationsvariable ein

$$t \equiv e^{i(\varphi_I - \varphi_P)} \tag{5}$$

und erhält dann näherungsweise das Integral

$$\frac{1}{2\chi} \int_{-\infty}^{(0+)} \frac{e^{ikr}}{4\pi r} \left(1 + \frac{e^{i\frac{\pi}{\chi}(\varphi_Q - \varphi_P)}}{t^{\frac{\pi}{\chi}}} \right) \frac{dt}{it} \tag{6}$$

mit

$$r = \sqrt{r_0^2 - \varrho_P\, \varrho_Q\, t}\,; \qquad r_0^2 = (z_D - z_Q)^2 + \varrho_P^2 + \varrho_Q^2. \tag{7}$$

Ganz ähnlich kann man das Integral in der positiv imaginären Halbebene behandeln, indem man das Reziproke von (5) als Integrationsvariable t einführt. So ergibt sich

$$-\frac{1}{2\chi} \int_{-\infty}^{(0+)} \frac{e^{ikr}}{4\pi r} \cdot \frac{e^{i\frac{\pi}{\chi}(\varphi_P - \varphi_Q)}}{t^{\frac{\pi}{\chi}}} \cdot \frac{dt}{it}\,. \tag{6a}$$

Das erste Integral von (6) läßt sich unmittelbar mittels des Residuensatzes auswerten, die beiden anderen Integrale führen nach Einführung der Integrationsvariablen $k^2 \varrho_P\, \varrho_Q\, t$ auf ein von $\varrho_P\, \varrho_Q$ unabhängiges dimensionsloses Integral mit einem Faktor $(\varrho_P\, \varrho_Q)^{\pi/\chi}$. Die gesamte

Greensche Funktion in der Nähe der Kante wird damit

$$G_\chi(P,Q) \approx \frac{\pi}{\chi} G_\pi(P,Q) +$$

$$+ \frac{\sin\left[\frac{\pi}{\chi}(\varphi_P - \varphi_Q)\right]}{4\pi\chi} (k^2 \varrho_P \varrho_Q)^{\frac{\pi}{\chi}} \int_{-\infty}^{(0+)} \frac{e^{i\sqrt{k^2 r_0^2 - x}}}{\sqrt{k^2 r_0^2 - x}} \cdot \frac{dx}{x^{1+\frac{\pi}{\chi}}} \,. \tag{8}$$

Der Funktionswert in der Kante wird also genau $\frac{\pi}{\chi}$ mal der eindeutigen Greenschen Funktion, doch führt der zweite Summand für $\chi > \pi$ auf eine unendlich große erste Ableitung nach ϱ_P. Die Unendlichkeit ist aber schwächer als ϱ_P^{-1}, so daß die quadratische Integrierbarkeit der Feldstärken und damit die Kantenbedingung gewahrt bleibt.

Bevor wir dazu übergehen, aus dieser mehrdeutigen Greenschen Funktion die Lösung des Randwertproblems aufzubauen, wollen wir noch ihr Verhalten für $\varrho_P \to \infty$, $\varrho_Q \to \infty$ untersuchen, welches praktisch in erster Linie interessiert. Für sehr große Werte von $k\varrho_P$, $k\varrho_Q$ ist der Integrand der Greenschen Funktion in Abhängigkeit von φ_I sehr rasch veränderlich. Das Integral (4) läßt sich deshalb mittels der Sattelpunktsmethode auswerten. Die Sattelpunkte liegen dort, wo r_{PI} als Funktion von φ_I stationär wird, also bei $\varphi_I = \varphi_P \pmod{\pi}$. Heftet man die beiden Teile des Integrationsweges C (Abb. 19) zusammen, so kann man sie in die beiden gestrichelten Wege (mit entgegengesetztem Umlaufsinn) verlegen, welche über die Sattelpunkte bei $\varphi_P + \pi$ und $\varphi_P - \pi$ führen. Sofern φ_Q zwischen diesen beiden Punkten liegt, erhält man zusätzlich ein Umlaufsintegral um den Punkt φ_Q, welches gerade $G_\pi(P,Q)$ liefert. Dasselbe geschieht, wenn eine der periodischen Wiederholung von φ_Q in dem Intervall zwischen $\varphi_P + \pi$ und $\varphi_P - \pi$ liegt; die eindeutige Greensche Funktion tritt also immer dann auf, wenn eine der Quellen für P geometrisch-optisch sichtbar ist. — In der Umgebung des Sattelpunkts wird

$$r_{PI} \approx r_S - \frac{\varrho_P \varrho_Q}{r_S} \frac{(\varphi_I - \varphi_S)^2}{2} \tag{9a}$$

mit

$$r_S \equiv \sqrt{(z_P - z_Q)^2 + (\varrho_P + \varrho_Q)^2} \,, \tag{9b}$$

und die Auswertung der Integrale liefert

$$G_\chi(P,Q) \sim G_\pi(P,Q) +$$

$$+ \frac{1}{4\chi}\left(\frac{1}{1 - e^{i\frac{\pi}{\chi}(\varphi_Q - \varphi_P - \pi)}} - \frac{1}{1 - e^{i\frac{\pi}{\chi}(\varphi_Q - \varphi_P + \pi)}}\right) \frac{e^{ikr_S - i\frac{\pi}{4}}}{\sqrt{2\pi k \varrho_P \varrho_Q r_S}} \,. \tag{10}$$

G_π ist hierin durch null zu ersetzen, wenn keiner der Quellpunkte $Q + 2n\chi$ von P aus geometrisch sichtbar ist. Der zweite Summand ist die an der Kante gebeugte Welle in einer Gestalt, welche singulär wird, wenn P sich der Grenze des geometrischen Schattens annähert. Dort ist die gegebene asymptotische Entwicklung nicht möglich, da der singuläre Punkt φ_Q der φ_I-Ebene in einen der Sattelpunkte rückt. In Wahrheit verhält sich die gebeugte Welle dort in einer solchen Weise unstetig, daß das sprunghafte Verschwinden der Funktion G_π ausgeglichen wird.

Gl. (10) läßt das Zustandekommen der Beugung recht übersichtlich verstehen (s. Ziffer 24). Eine für die praktische Rechnung bequemere Form erhält man, wenn man die beiden Brüche auf gemeinsamen Nenner bringt und die Wellenlänge $\lambda = 1/(2\pi k)$ einführt:

$$G_\chi \sim G_\pi - \frac{1}{4\chi} \cdot \frac{\sin\left(\frac{\pi^2}{\chi}\right)}{\cos\left[\frac{\pi}{\chi}(\varphi_Q - \varphi_P)\right] - \cos\left(\frac{\pi^2}{\chi}\right)} \cdot \sqrt{\frac{\lambda}{\varrho_Q \varrho_P r_S}} \cdot e^{ikr_S + i\frac{\pi}{4}}. \tag{10a}$$

Wegen des Faktors $\sin(\pi^2/\chi)$ verschwindet die gebeugte Welle vollständig, wenn π/χ eine ganze Zahl ist. Dies gilt nicht nur für die asymptotische Darstellung, sondern streng, und zwar einfach deshalb, weil für $\chi = \pi/n$ die in 2χ periodische Funktion eo ipso auch in 2π periodisch ist, so daß die gesamte Beugungserscheinung der Strahlung von n im Abstand $2\pi/n$ befindlichen Lichtquellen im schlichten Raum entspricht.

Der letzte und leichteste Teil unserer Aufgabe besteht nun darin, aus der Funktion G_χ die Lösung des Randwertproblems für den Keil zu finden; hierzu ist es nötig, die Kombination

$$G_\chi^\pm (P, Q) \equiv G_\chi (P, Q) \pm G_\chi (P, Q^*) \tag{11}$$

zu bilden, wenn Q^* der Punkt mit den Koordinaten $z_Q, \varrho_Q, -\varphi_Q$ ist. Das Pluszeichen gilt für die Randbedingung $\frac{dG}{dn} = 0$ (magnetischer Feldvektor parallel zur Kante), das Minuszeichen für die Randbedingung $G = 0$ (elektrischer Vektor parallel zur Kante). — In Limes großer ϱ_P und ϱ_Q erhält man aus (10) oder (10a) für diesen Fall

$$G_\chi^\pm = G_\pi^\pm + \frac{\sin\left(\frac{\pi^2}{\chi}\right)}{2\chi} \cdot \tag{12}$$

$$\cdot \frac{\Phi\pm}{\cos^2\left(\frac{\pi^2}{\chi}\right) - 2\cos\left(\frac{\pi^2}{\chi}\right)\cos\left(\frac{\pi}{\chi}\varphi_P\right)\cos\left(\frac{\pi}{\chi}\varphi_Q\right) + \frac{1}{2}\cos\left(\frac{2\pi}{\chi}\varphi_P\right) + \frac{1}{2}\cos\left(\frac{2\pi}{\chi}\varphi_Q\right)}$$

$$\cdot \sqrt{\frac{\lambda}{\varrho_P \varrho_Q r_S}}\, e^{ikr_S + i\frac{\pi}{4}}$$

Die Funktion $\Phi^{\pm}$ bedeutet dabei:

$$\begin{aligned}\Phi^{+} &\equiv \cos\left(\frac{\pi^2}{\chi}\right) - \cos\left(\frac{\pi}{\chi}\varphi_P\right)\cos\left(\frac{\pi}{\chi}\varphi_Q\right);\\ \Phi^{-} &\equiv \sin\left(\frac{\pi}{\chi}\varphi_P\right)\sin\left(\frac{\pi}{\chi}\varphi_Q\right).\end{aligned} \tag{13}$$

23. Beugung an der blanken Halbebene nach Sommerfeld

Für $\chi = 2\pi$ geht der in der vorigen Ziffer behandelte Keil in die blanke Halbebene über. Für einen sehr weit entfernten Quellpunkt Q $(\varrho_Q \gg \varrho_P, \varrho_Q \gg k\varrho_P^2)$ läßt sich die Darstellung (4) in eine noch handlicherere Gestalt bringen, wenn man benützt, daß zwischen der Greenschen Funktion $G_{2\pi}(P,Q)$ im Punkte P und derselben Funktion in der periodischen Wiederholung P' des Punktes P (beim Winkelwert $\varphi_P + 2\pi$) in Strenge folgende Beziehung gilt:

$$G_{2\pi}(P,Q) + G_{2\pi}(P',Q) = G_{\pi}(P,Q). \tag{14}$$

Der Beweis folgt aus Abb. 19, wenn man beachtet, daß die Integrationswege für P und P' genau um 2π verschoben sind und sich daher durch zwei um 4π verschobene Wegstücke von der in Abb. 19 gestrichelten Art zu einem vollen Umlauf um φ_Q ergänzen lassen; die Beiträge von den beiden gestrichelten Ergänzungen kompensieren sich dabei gegenseitig, da der gesamte Integrand die Periode 4π besitzt. — Machen wir von der Voraussetzung großer Werte für ϱ_Q Gebrauch, so können wir für r_{PQ} näherungsweise schreiben

$$r_{PQ} \approx r_{Q0} - \frac{\varrho_P\,\varrho_Q}{r_{Q0}}\cos(\varphi_Q - \varphi_P) \tag{15}$$

mit

$$r_{Q0} = \sqrt{(z_P - z_Q)^2 + \varrho_Q^2}\,.$$

Analog drückt sich r_{PI} aus (ersetze φ_Q durch φ_I). Aus Gl. (4) erhält man dann näherungsweise

$$G_{2\pi}(P,Q) \approx G_{\pi}(P,Q)\cdot\frac{1}{4\pi}\int \frac{\exp\left[\frac{i\,k\,\varrho_P\,\varrho_Q}{r_{Q0}}\left\{\cos(\varphi_Q - \varphi_P) - \cos(\varphi_I - \varphi_P)\right\}\right]}{1 - \exp\left[i\,\frac{\varphi_Q - \varphi_I}{2}\right]}\,. \tag{16}$$

Bildet man nun die Differenz zwischen den Greenschen Funktionen von P und P', so erhält man

$$\frac{G_{2\pi}(P,Q) - G_{2\pi}(P',Q)}{G_{\pi}(P,Q)} \approx \frac{1}{4\pi\,i}\int \frac{\exp\left[2i\,\frac{k\varrho_P\,\varrho_Q}{r_{Q0}}\sin\left(\frac{\varphi_I + \varphi_Q - 2\varphi_P}{2}\right)\sin\left(\frac{\varphi_I - \varphi_Q}{2}\right)\right]}{\sin\left(\frac{\varphi_I - \varphi_Q}{2}\right)}\,d\varphi_I\,. \tag{17}$$

Den Nenner kann man offenbar wegschaffen, indem man einmal nach ϱ_P differenziert. Gleichzeitig erhält man dabei noch den folgenden Winkelfaktor

$$\sin\left(\frac{\varphi_I + \varphi_Q - 2\varphi_P}{2}\right) = \tag{18}$$

$$= \sin\left(\frac{\varphi_I - \varphi_P}{2}\right)\cos\left(\frac{\varphi_Q - \varphi_P}{2}\right) + \cos\left(\frac{\varphi_I - \varphi_P}{2}\right)\sin\left(\frac{\varphi_Q - \varphi_P}{2}\right).$$

Wegen der Symmetrie des Exponenten wie auch des Integrationsweges bezüglich des Punktes φ_P liefert der mit $\cos\frac{\varphi_I - \varphi_P}{2}$ behaftete Term keinen Beitrag, und daher wird

$$\frac{\partial}{\partial\varrho_P}\,\frac{G_{2\pi}(P,Q) - G_{2\pi}(P',Q)}{G_\pi(P,Q)} =$$

$$= \frac{k\,\varrho_Q}{2\pi\, r_{Q0}}\cos\left(\frac{\varphi_Q - \varphi_P}{2}\right)\exp\left[2i\frac{k\,\varrho_P\,\varrho_Q}{r_{Q0}}\cos^2\left(\frac{\varphi_P - \varphi_Q}{2}\right)\right] \tag{19}$$

$$\cdot \int\limits_C \sin\left(\frac{\varphi_I - \varphi_P}{2}\right)\exp\left[-2i\frac{k\,\varrho_P\,\varrho_Q}{r_{Q0}}\cos^2\left(\frac{\varphi_I - \varphi_P}{2}\right)\right]d\varphi_I.$$

Das Integral ist nunmehr berechenbar. Führt man $\cos\frac{\varphi_I - \varphi_P}{2}$ als neue Variable ein, so ergibt sich

$$\int\limits_C \sin\left(\frac{\varphi_I - \varphi_P}{2}\right)\exp\left[-2i\frac{k\,\varrho_P\,\varrho_Q}{r_{Q0}}\cos^2\left(\frac{\varphi_I - \varphi_P}{r}\right)\right]d\varphi_I = \tag{20}$$

$$= 4\int\limits_{i\infty}^{-i\infty} \exp\left[-2i\frac{k\,\varrho_P\,\varrho_Q}{r_{Q0}}t^2\right]dt = 2e^{-i\frac{\pi}{4}}\sqrt{\frac{2\pi\, r_{Q0}}{k\,\varrho_P\,\varrho_Q}}.$$

Die Differentiation nach ϱ_Q machen wir nun wieder rückgängig, wobei wir als Integrationsvariable einführen

$$v = \sqrt{\frac{2\varrho_P\,\varrho_Q}{\lambda\, r_{Q0}}}\cdot 2\cos\left(\frac{\varphi_Q - \varphi_P}{2}\right); \quad dv = \sqrt{\frac{2\varrho_Q}{\lambda\,\varrho_P\, r_{Q0}}}\cos\left(\frac{\varphi_P - \varphi_Q}{2}\right)d\varrho_P. \tag{21}$$

Damit folgt

$$\frac{G_{2\pi}(P,Q) - G_{2\pi}(P',Q)}{G_\pi(P,Q)} = \sqrt{2}\, e^{-i\frac{\pi}{4}}\int\limits_0^v e^{i\frac{\pi}{2}v^2}\,dv. \tag{22}$$

Daß die Integrationskonstante hierbei richtig gewählt wurde, folgt aus Gl. (8): bei $v = 0$, d. h. $\varrho_P = 0$, ist G_χ vom Winkel unabhängig, also die Differenz (22) gleich null. — Durch Kombination von Gl. (22) mit Gl. (14) kann man $G_{2\pi}(P')$ eliminieren und damit $G_{2\pi}(P)$ in der folgenden Gestalt anschreiben:

$$G_{2\pi}(P,Q) = G_\pi(P,Q)\cdot\frac{e^{-i\frac{\pi}{4}}}{\sqrt{2}}\cdot\int_{-\infty}^{v} e^{i\frac{\pi}{2}v^2}\,dv. \tag{23}$$

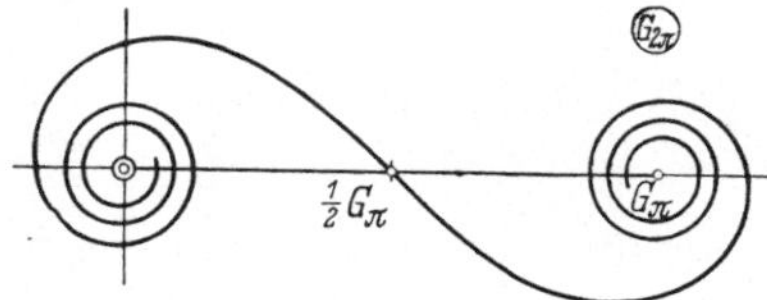

Abb. 20. Cornusche Spirale

Beim Übergang vom Schatten ($v \ll -1$) zum Licht ($v \gg 1$) nimmt $G_{2\pi}$ von null bis zu dem vollen Betrag der schlichten Greenschen Funktion G_π zu. In der Schattengrenze ($v = 0$) ist $G_{2\pi} = {}^1/_2\, G_\pi$, was auch unmittelbar aus Gl. (14) in Strenge folgt. Dazwischen besitzt die Funktion einen oszillierenden Charakter, da das Integral (Frenelsches Integral) nichts anderes bedeutet, als daß die reelle v-Achse aufgerollt wird, wobei der jeweilige Winkel durch den quadratisch mit v wachsenden Ausdruck $\frac{\pi}{2}v^2$ gegeben ist. Im ganzen ergibt sich die sogenannte Cornusche Spirale, s. Abb. 20.

24. Beugung an der schwarzen Kante

Der in Gl. (4) enthaltene Bruch besitzt folgende Partialbruchzerlegung

$$\frac{1}{2\chi}\cdot\frac{1}{1-\exp\left[i\frac{\pi}{\chi}(\varphi_Q-\varphi_I)\right]} = \frac{1}{2\pi i}\sum_{n=-\infty}^{+\infty}\frac{1}{\varphi_I-\varphi_Q-2n\chi}. \tag{24}$$

Die Summe der rechten Seite, welche — wie sie steht — offensichtlich nicht konvergiert, muß dabei so verstanden werden, daß jeweils erst das Glied n und $-n$ zu addieren ist; die Summe der so entstehenden quadratischen Ausdrücke konvergiert. Die einzelnen Summanden besitzen nur für einen einzigen Winkelwert des verzweigten Raumes einen Pol, und es liegt daher nahe, den Ausdruck

$$G_\infty(P,Q) = \frac{1}{2\pi i}\int_C G_\pi(P,I)\frac{d\varphi_I}{\varphi_I-\varphi_Q} \tag{25}$$

als die Strahlung einer Einzellichtquelle in dem an der Kante unendlich oft verzweigten Raum aufzufassen; man kann (25) auch aus (4) durch den $\lim \chi \to \infty$ erhalten. Da die virtuellen Lichtquellen bei $\varphi_Q + 2n\chi$ bzw. $-\varphi_Q + 2n\chi$ alle nur durch ideale Spiegelung an den Keilflächen entstehen, kann man (25) als diejenige Strahlung bezeichnen, welche auftreten würde, wenn keinerlei Spiegelungen an den von der Kante ausgehenden Flächen vorhanden wäre, sondern die durch die Flächen eintretende Strahlung vollständig verschluckt würde. G_∞ ist somit die Greensche Funktion für die Beugung an einer schwarzen Kante bzw. einer schwarzen Halbebene, einem schwarzen Keil. Allerdings muß man anmerken, daß die Eigenschaft der „Schwärze" sich physikalisch überhaupt nicht konsequent definieren läßt, so daß es schwer halten dürfte, die Beugung an irgendeiner anderen „schwarzen" berandeten Fläche zu definieren.

Die Winkelverteilung für große ϱ_P und ϱ_Q erhält man aus (10) durch $\lim \chi \to \infty$ zu

$$G_\infty(P, Q) \sim G_\pi(P, Q) - \frac{1}{2\,[\pi^2 - (\varphi_P - \varphi_Q)^2]} \cdot \sqrt{\frac{\lambda}{\varrho_P\, \varrho_Q\, r_S}} \cdot e^{i k r_S + i \frac{\pi}{4}}. \tag{26}$$

25. Kirchhoffsche Beugungstheorie

Betrachtet man eine geschlossene Oberfläche, außerhalb derer sich keine Lichtquellen (Ströme, Ladungen) befinden, so kann man mittels Gl. I (71a) die elektrische Feldstärke im Außenraum durch die Feldstärken auf dieser Fläche ausdrücken ($d\mathfrak{o}'$ nach außen gerichtet!):

$$\mathfrak{E}(\mathfrak{r}) = \operatorname{rot} \int d\mathfrak{o}' \times \mathfrak{E}(\mathfrak{r}')\, G_0(\mathfrak{r}, \mathfrak{r}') - \frac{1}{i\,\omega\,\varepsilon} \operatorname{rot}\operatorname{rot} \int d\mathfrak{o}' \times \mathfrak{H}(\mathfrak{r}')\, G_0(\mathfrak{r}, \mathfrak{r}'). \tag{27}$$

Die magnetische Feldstärke des Außenraums erhält man analog aus

$$\mathfrak{H}(\mathfrak{r}) = \operatorname{rot} \int d\mathfrak{o}' \times \mathfrak{H}(\mathfrak{r}')\, G_0(\mathfrak{r}, \mathfrak{r}') + \frac{1}{i\,\omega\,\mu} \operatorname{rot}\operatorname{rot} \int d\mathfrak{o}' \times \mathfrak{E}(\mathfrak{r}')\, G_0(\mathfrak{r}, \mathfrak{r}'). \tag{27a}$$

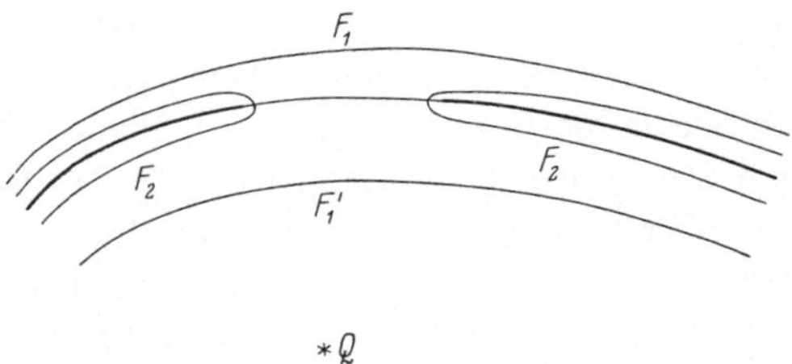

Abb. 21. Integrationsflächen für die verschiedenen Formen der Kirchhoffschen Theorie

Die Idee der Kirchhoffschen Beugungstheorie besteht nun darin, diese Formeln zur Berechnung des gebeugten Feldes auszunützen, indem in die Integrale der rechten Seite die Werte eingesetzt werden, welche aus der geometrischen Optik folgen. Da diese nicht die richtigen sind, werden auch die Integrale (27) und (27a) nicht das richtige gebeugte Feld liefern; doch ist immerhin die Gewähr geboten, daß die entstehenden Felder die Maxwellschen Gleichungen erfüllen. Dies folgt einfach daraus, daß $\Delta G_0 = -k^2 G_0$, und $\operatorname{rot}\operatorname{rot}\operatorname{rot} = -\operatorname{rot}\Delta$.

Wendet man die Kirchhoffsche Idee auf einen unendlich dünnen undurchsichtigen Schirm mit Öffnungen an. so bieten sich zwei verschiedene Möglichkeiten zu ihrer Verwirklichung (s. Abb. 21). Man kann entweder eine Oberfläche auf der einen oder auf der anderen Seite (F_1 bzw. F_1') entlang dem gesamten Schirm einschließlich seiner Öffnungen legen, oder aber die massiven Teile des Schirmes allein beiderseits durch eine Fläche F_2 einhüllen. Althergebracht ist es, die Fläche F_1 auf der der primären Lichtquelle abgewandten Seite des Schirms zu benützen. Man setzt dann in die Integrale (27) bzw. (27a) die Primärerregung in sämtlichen Öffnungen und null für die Rückseite des Schirmes an, wie dies der geometrischen Optik entspricht — ganz unabhängig davon, welche Randbedingungen man für den Schirm verlangt, ob er also idealreflektierend, teilweise reflektierend oder „schwarz" sein soll. Dies ändert sich, wenn man auch für diejenige Raumhälfte, in welcher die Lichtquelle Q gelegen ist, dieselbe Methode verwenden will, indem man über die Fläche F_1' integriert. In den Öffnungen wird man wieder die Primärerregung als geometrische Näherung ansetzen, die Erregung auf der Vorderseite des Schirms dagegen hängt von den Reflektionseigenschaften des Materials ab; für den idealreflektierenden metallischen oder dielektrischen Schirm ($\varepsilon \to \infty$) ist $\mathfrak{E}_{||}(\mathfrak{r}') = 0$, $\mathfrak{H}_{||}(\mathfrak{r}') = 2\mathfrak{H}_{0||}(\mathfrak{r}')$. Charakteristisch für die mittels der Fläche F_1 und F_1' erhaltene Kirchhoffsche Näherung ist, daß die vorgegebenen Randwerte keineswegs reproduziert werden; dazu wäre es nämlich nötig, die im allgemeinen recht komplizierte Greensche Dyade der gesamten Schirmfläche (in welche keine Öffnungen geschnitten sind) zu kennen, während in der Kirchhoffschen Theorie nur die einfache Greensche Funktion des leeren Raumes benützt wird. — Daß die in (27) eingesetzten Randwerte nicht reproduziert werden können, folgt schon daraus, daß entsprechend Ziffer 1 nur von einer einzigen Vektorfunktion die Komponenten parallel zu einer Fläche frei vorgebbar sind, um das Problem eindeutig bestimmt zu machen. Daher ist (27) als Randwertaufgabe bei frei vorgegebenen $\mathfrak{E}_{||}(\mathfrak{r}')$ und $\mathfrak{H}_{||}(\mathfrak{r}')$ überbestimmt.

Gibt man Randwerte auf der Fläche F_2, d. h. also beiderseits des Schirmes in die Gl. (27) ein, so kann man die Fläche F_2 beliebig dicht beiderseits an die Oberfläche heranbringen; es bleibt dann ein Integral über die massiven Teile des Schirms, wobei im Integranden nur die Differenz der Feldstärken beiderseits des Schirmes stehen bleibt. Diese Differenz ist, wenn man die positive Normale der Schirmfläche in die beleuchtete Raumfläche richtet, für die elektrische Feldstärke null, für die magnetische Feldstärke dagegen $2\mathfrak{H}_{0||}$, wenn der Schirm ideal reflektiert. Die Aufgabe wird damit nach Kottler [1923] zu einem „Sprungwertproblem". Dieses ist (im Gegensatz zu dem vorher erwähnten Randwertproblem) nicht überbestimmt, vielmehr reproduzieren sich die eingesetzten Sprungwerte in der aus ihnen nach (27) errechneten Lösung $\mathfrak{E}(\mathfrak{r})$, $\mathfrak{H}(\mathfrak{r})$. Dies folgt einfach daraus, daß es stets möglich ist, die Fläche mit elektrischen und magnetischen Dipolbelegungen zu versehen, welche vorgegebene Sprünge in der elektrischen und magnetischen Parallelfeldstärke erzeugen; deshalb gibt es immer eine exakte Lösung der Maxwellschen Gleichungen mit einer vorgegebenen Verteilung von Sprungwerten, und da für diese exakte Lösung die Gln. (27) und (27a) gelten, müssen die Sprungwerte sich reproduzieren.

Allerdings ist mit der Feststellung, ob die Rand- bzw. Sprungwerte sich reproduzieren oder nicht, keinerlei Aussage über die Güte des Näherungsverfahrens gemacht; denn die vorgegebenen Rand- und Sprungwerte sind ja nicht richtig und ihre genaue Reproduzierung ist daher gar nicht erwünscht. Doch bietet das Verfahren keinerlei Gewähr dafür, daß sie zum Besseren abgeändert werden. Vielmehr hat man die Kirchhoffsche Theorie jeweils nur dadurch gerechtfertigt, daß man an Beispielen, für welche die exakte Lösung bekannt oder die Beugung gemessen war, ihr Ergebnis geprüft hat. Dabei zeigte sich, daß sie brauchbar ist, sofern man sich nur für das Feld in der nächsten Umgebung der Licht-Schattengrenze interessiert. Daß die Kirchhoffsche Theorie nur in dieser Gegend brauchbar sein kann, folgt z. B. auch aus den exakten Formeln für die Beugung am Keil: Die in (24) vorgenommene Partialbruchzerlegung zeigt nämlich, daß in der Umgebung der Schattengrenze und nur dort das Beugungsphänomen nahezu unabhängig vom Keilwinkel, d. h. also von der Reflexion an irgendwelchen Oberflächen wird. Da die Kirchhoffsche Theorie zwar die Wellengleichung exakt erfüllt, jedoch nicht die Randbedingungen (sonst wäre sie ja die exakte Lösung des Beugungsproblems), kann sie nur dort brauchbar sein, wo es auf die Randbedingungen bzw. auf die Reflexionen nicht ankommt, also in der Umgebung der Schattengrenze.

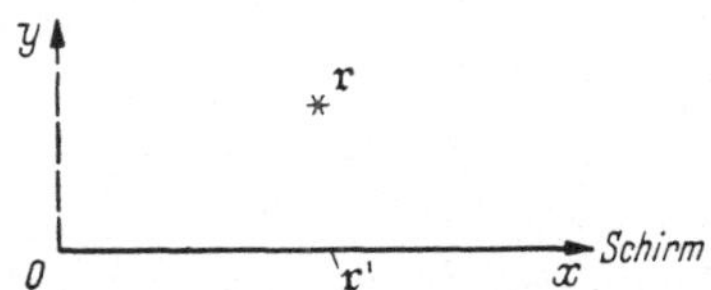

Abb. 22. Umgebung der Schirmkante

Ein schwerwiegender Defekt der Kirchhoffschen Theorie ist, daß sie die Kantenbedingung (s. Ziffer 7) verletzt. Dies sieht man leicht ein, wenn man etwa (s. Abb. 22) ein Stück der Schirmkante mit dem anschließenden Schirm herausgreift, und ein kartesisches Koordinatensystem mit der z-Achse parallel zur Kante und y-Achse in Richtung der Normalen einführt. Liegt der Aufpunkt $\mathfrak{r}$ mit den Koordinaten $x, y, 0$ in der unmittelbaren Nähe der Schirmkante ($k\,r \ll 1$), so kann offenbar (27) nur dadurch singulär werden, daß die Greensche Funktion G_0 für $|\mathfrak{r} - \mathfrak{r}'| \to 0$ sehr groß wird. Man kann daher zur Untersuchung des singulären Verhaltens sowohl in der Greenschen Funktion die Exponentialfunktion gleich 1 setzen als auch für $\mathfrak{E}(\mathfrak{r}')$, $\mathfrak{H}(\mathfrak{r}')$ den Wert in der Kante benützen. Dann ist genähert

$$\int d\mathfrak{o}' \times \mathfrak{E}(\mathfrak{r}')\, G_0(\mathfrak{r}, \mathfrak{r}') \approx \frac{1}{4\pi}\, \mathfrak{e}_y \times \mathfrak{E}(0) \int do \frac{1}{|\mathfrak{r}' - \mathfrak{r}|}.$$

Hieraus folgt durch einmalige Differentiation

$$\operatorname{rot} \int d\mathfrak{o}' \times \mathfrak{E}(\mathfrak{r}')\, G_0(\mathfrak{r}, \mathfrak{r}') \approx \frac{1}{4\pi} (\mathfrak{e}_y \times \mathfrak{E}(0)) \times \int do' \frac{\mathfrak{r} - \mathfrak{r}'}{|\mathfrak{r}' - \mathfrak{r}|^3}.$$

Führt man hierin als Integrationsvariable

$$\xi = \frac{x'}{r}; \qquad \zeta = \frac{z'}{r}$$

ein, so erhält man

$$\operatorname{rot} \int d\mathfrak{o}' \times \mathfrak{E}(\mathfrak{r}')\, G_0(\mathfrak{r}, \mathfrak{r}') \approx$$

$$\approx -\frac{1}{4\pi} (\mathfrak{e}_y \times \mathfrak{E}) \times \int_{-\infty}^{+\infty} d\zeta \int_0^{\infty} d\xi \frac{\xi\, \mathfrak{e}_x + \zeta\, \mathfrak{e}_z - \frac{\mathfrak{r}}{r}}{\left|\xi\, \mathfrak{e}_x + \zeta\, \mathfrak{e}_z - \frac{\mathfrak{r}}{r}\right|^3}.$$

Dies hängt nunmehr von der Winkelfunktion $\mathfrak{r}/r$ ab und bleibt daher in der Kante endlich. Anders ist dies mit den Gliedern von (27) und (27a), welche die Operationen rot rot enthalten. Man hat

$$\operatorname{rot}\operatorname{rot} \int d\mathfrak{o}' \times \mathfrak{E}(\mathfrak{r}')\, G_0(\mathfrak{r}, \mathfrak{r}') \approx \frac{1}{4\pi} (\mathfrak{e}_y \times \mathfrak{E}) \cdot \int do' \frac{3 \frac{\mathfrak{r}' - \mathfrak{r}}{|\mathfrak{r}' - \mathfrak{r}|} \frac{\mathfrak{r}' - \mathfrak{r}}{|\mathfrak{r}' - \mathfrak{r}|} - I}{|\mathfrak{r}' - \mathfrak{r}|^3}.$$

Dies wird unter Einführung der Variablen ζ, ξ

$$\frac{1}{4\pi r} (\mathfrak{e}_y \times \mathfrak{E}) \cdot \int_{-\infty}^{+\infty} d\zeta \int_0^{\infty} d\xi \frac{3 \frac{\xi\, \mathfrak{e}_x + \zeta\, \mathfrak{e}_z - \frac{\mathfrak{r}}{r}}{\left|\xi\, \mathfrak{e}_x + \zeta\, \mathfrak{e}_z - \frac{\mathfrak{r}}{r}\right|} \frac{\xi\, \mathfrak{e}_x + \zeta\, \mathfrak{e}_z - \frac{\mathfrak{r}}{r}}{\left|\xi\, \mathfrak{e}_x + \zeta\, \mathfrak{e}_z - \frac{\mathfrak{r}}{r}\right|} - I}{\left|\xi\, \mathfrak{e}_x + \zeta\, \mathfrak{e}_z - \frac{\mathfrak{r}}{r}\right|^3}.$$

Da dies an der Kante wie $\frac{1}{r}$ unendlich wird, ist $\mathfrak{H}$ und $\mathfrak{E}$ nicht quadratisch integrierbar. Die Kantenbedingung ist also verletzt.

26. Modifikationen der Kirchhoffschen Theorie

Die Kirchhoffsche Theorie ist, wie wir gesehen haben, kein konsequentes Randwertproblem, da die vorgebenen Randwerte gar nicht von der „Lösung" angenommen werden; die Auffassung als Sprungwertaufgabe (Kottler) andererseits entbehrt der physikalischen Begründung.

Dies hat zur Folge, daß man mit keiner dieser beiden Konzeptionen zu einer höheren Näherung gelangen kann. Doch ist es möglich, eine konsequente physikalische Begründung und zugleich höhere Näherungen anzugeben [Franz 1949, Schelkunoff 1951]: man verfolgt die Ausbreitung der Wellen stückweise jeweils bis kurz vor ein Hindernis (bzw. bis kurz nach der Reflexion an einem Hindernis) und läßt dort die Erregung zunächst sprunghaft auf null abnehmen. Diese Unstetigkeit bedeutet eine Verletzung der Schwingungsgleichung, welche rückgängig gemacht werden muß. Dazu sucht man eine Lösung der Schwingungsgleichung, welche gerade die entgegengesetzten „Sprungwerte" hat und im übrigen regulär ist — dies ist aber gerade die Kirchhoffsche Beugungswelle. Nimmt man sie hinzu, so wird die Schwingungsgleichung im ganzen Raum erfüllt, doch werden die Randbedingungen verletzt. Durch Hinzufügen einer an der Grenzfläche geometrisch-optisch reflektierten Welle läßt sich dies angenähert in Ordnung bringen, und indem man diese wieder dicht vor der reflektierenden Fläche enden läßt, erhält man erneut eine Unstetigkeit, welche mittels der Kirchhoffschen Beugungsformel beseitigt werden kann, sofern die auftretenden Integrale konvergieren; dies ist jedoch wegen der an der Kante auftretenden Singularität nach wenigen Schritten nicht mehr der Fall, sofern man nicht den Ansatz für die reflektierte Welle in der Nähe der Kante etwas abändert.

Braunbek hat [1950] eine derartige Abänderung angegeben, welche für Erfüllung der Kantenbedingung und damit Verminderung der Kantensingularität wenigstens im Limes kurzer Wellen beim ersten (Kirchhoffschen) Näherungsschritt sorgt. Dabei werden die geometrisch-optischen Randwerte auf den Flächen F_1, F_1' (Abb. 21) mit denjenigen Korrekturen versehen, welche die Sommerfeldsche Theorie der blanken Halbebene liefert. Diese Korrektur ist nur im Abstand weniger Wellenlängen von der Kante beträchtlich, daher begeht man im Limes kleiner Wellenlänge λ nur einen Fehler höherer Ordnung in λ, wenn man die Elemente des Randstreifens mit dem Randstreifen der Sommerfeldschen Halbebene identifiziert. Das Braunbeksche Verfahren liefert das Glied höchster Ordnung in λ der gebeugten Welle, ausgenommen spezielle Stellen des Feldes, welche für die Näherung eine Sonderrolle spielen (s. die Kontroverse Bouwkamp [1954] — Braunbek [1954]). — Auch zum Braunbekschen Verfahren kann in der oben skizzierten Weise eine höhere Näherung gewonnen werden [Franz 1950], welche dann aber nicht die vollständige nächste Ordnung in λ ist. — Eine Anwendung des Braunbekschen Verfahrens bringen wir in Ziffer 32.

27. Babinetsches Prinzip

Wir denken uns eine Lichtquelle Q umgeben von einer geschlossenen Fläche S, und zerlegen diese durch eine oder mehrere geschlossene Linien in zwei Teile S_1, S_2 (s. Abb. 23); da sie zusammen die ganze geschlossene Fläche ausmachen, bezeichnet man S_1, S_2 als zueinander „komplementär". Wir wollen nun wahlweise den Schirmteil S_1 oder S_2 allein bestehen lassen, und die an diesen berandeten Flächen in den Außenraum von S gebeugte Strahlung nach (27) berechnen, wobei als Randwerte entsprechend der Kirchhoffschen Theorie die Werte der geometrischen Optik eingesetzt werden sollen. Da das Integral (27), genommen über die gesamte Fläche S, in Strenge die Primärwelle liefert, ist die Summe der Kirchhoff-Wellen von S_1 und S_2 gerade die Primärwelle. Versteht man unter „gebeugter Welle" die Differenz zwischen Gesamterregung und geometrisch-optischer Erregung (= Primärwelle im geometrisch beleuchteten Gebiet, null im geometrischen Schatten), so kann man auch sagen: die an S_1 und S_2 gebeugten Felder sind entgegengesetzt gleich. Dies ist das Babinetsche Prinzip in seiner ursprünglichen Form. Da es auf der Kirchhoffschen Theorie basiert, ist es genau so wenig exakt richtig wie diese, bezieht sich außerdem auf den in Strenge nicht definierbaren „schwarzen" Schirm, nicht etwa auf ein Randwertproblem. Selbst in dieser unexakten Form bedeutet das Babinetsche Prinzip keineswegs, daß die beiderlei Beugungsfiguren gleich aussehen, da ja die Interferenz der gebeugten Welle mit der geometrisch-optischen Welle in Erscheinung tritt, und die letzte für beide Fälle verschieden ist.

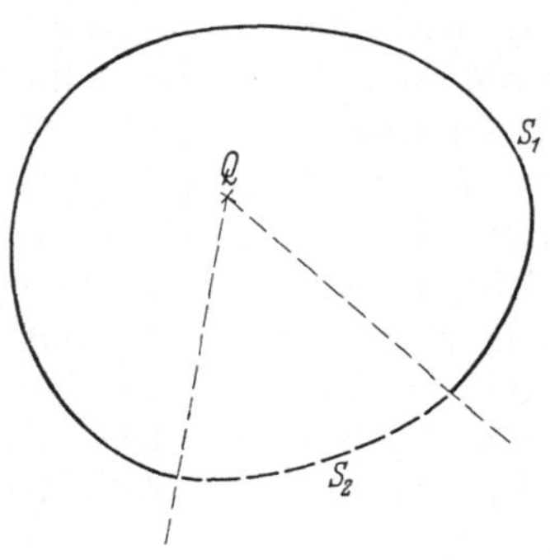

Abb. 23. Komplementäre Schirme

Neuerdings wurde gezeigt (für den akustischen Fall von Bouwkamp [1941], für den elektromagnetischen von Meixner [1946]), daß für den idealreflektierenden ebenen Schirm ein strenges Babinet-Prinzip gilt. Zu seinem Beweis benötigt man nichts weiter als eine einfache Symmetrieeigenschaft des von den Strömen des leitenden Schirmes ausgesandten Sekundärfeldes, welche wir aus Gl. (27a) ablesen können: erstreckt man die Integrale über beide Oberflächen eines idealleitenden ebenen Schirmes S_1, und setzt in die Integrale die exakten Werte der Felder ein, so fällt das zweite Integral wegen der Randbedingung $\mathfrak{E}_{||} = 0$ fort, und das erste Integral $\int do' \times \mathfrak{H}\, G$ liefert ein Vektorfeld parallel zur Oberfläche, welches in spiegelbildlichen Punkten gleich ist; daher wird die zur Schirmebene parallele Komponente des sekundären magnetischen Feldes

$$\mathfrak{H}_{s\|} = [\mathrm{rot} \int d\mathfrak{o}' \times \mathfrak{H} G]_{\|} = \mathfrak{e}_z \times \frac{\partial}{\partial z} \int d\mathfrak{o}' \times \mathfrak{H} G \tag{28}$$

(wenn mit z die kartesische Koordinate senkrecht zu S bezeichnet wird) in Spiegelpunkten entgegengesetzt gleich. In der Öffnungsfläche S_2 der Schirmebene muß diese Größe daher, da stetig, verschwinden.

Auf Grund dieser Eigenschaften kann man nun aus der Lösung des Randwertproblems $\mathfrak{E}_{\|} = 0$ auf S_1 die Lösung des Randwertproblems $\mathfrak{H}_{\|} = 0$ auf S_2 konstruieren, welche zu derselben primären Lichtquelle gehört. Dazu muß man neben dem Primärfeld $(\mathfrak{E}_0, \mathfrak{H}_0)$ auch noch das am Gesamtschirm S reflektierte Feld $(\mathfrak{E}_r, \mathfrak{H}_r)$ heranziehen, dessen zu S parallele Komponenten zum Primärfeld in der Beziehung stehen

$$\mathfrak{E}_{r\|}(z) = -\mathfrak{E}_{0\|}(-z); \qquad \mathfrak{H}_{r\|}(z) = \mathfrak{H}_{0\|}(-z). \tag{29}$$

Nehmen wir an, daß die Lichtquellen im Halbraum $z < 0$, ihre Spiegelbilder also bei $z > 0$ liegen, dann fügen wir außerhalb der Schirmebene keine Singularitäten hinzu, wenn wir bilden:

$$(\mathfrak{E}'_s, \mathfrak{H}'_s) = \begin{cases} -(\mathfrak{E}_0, \mathfrak{H}_0) - (\mathfrak{E}_s, \mathfrak{H}_s) & \text{für } z > 0 \\ -(\mathfrak{E}_r, \mathfrak{H}_r) + (\mathfrak{E}_s, \mathfrak{H}_s) & \text{für } z < 0. \end{cases} \tag{30}$$

Wegen der Symmetriebedingungen (28) und (29) ist das so definierte Feld $\mathfrak{H}'_{s\|}$ auf der gesamten Fläche S stetig, und nimmt auf S_2 überdies den Wert $-\mathfrak{H}_{0\|}$ an, erfüllt also mit $\mathfrak{H}_{0\|}$ zusammen dort die Randbedingung $\mathfrak{H}_{\|} = 0$. Auf S_1 ist auch $\mathfrak{E}'_s$ stetig; es nimmt beiderseits den Wert null an, da $\mathfrak{E}_s$ auf S_1 gleich $-\mathfrak{E}_{0\|}$ ist. $(\mathfrak{E}'_s, \mathfrak{H}'_s)$ ist also gerade das Sekundärfeld zur Randbedingung $\mathfrak{H}_{\|} = 0$ auf S_2. Um von diesem physikalisch bedeutungslosen Randwertproblem zu einem bedeutungsvollen zu gelangen, beachtet man, daß die Maxwellschen Gleichungen gegen die Ersetzung

$$\mathfrak{E} \to \sqrt{\frac{\mu}{\varepsilon}}\,\mathfrak{H}; \quad \mathfrak{H} \to -\sqrt{\frac{\mu}{\varepsilon}}\,\mathfrak{E} \tag{31}$$

invariant sind. Indem man bei dem gesamten Felde $(\mathfrak{E}_0 + \mathfrak{E}'_s, \mathfrak{H}_0 + \mathfrak{H}'_s)$ diese Ersetzung durchführt, erhält man eine Lösung des Randwertproblems $\mathfrak{E}_{\|} = 0$ auf S_2; allerdings hat man nunmehr auch die Primärstrahlung verändert, etwa aus einem elektrischen Dipol einen magnetischen gemacht, und bei einer ebenen Primärwelle die Polarisation um 90° gedreht.

Voraussetzung für den gegebenen Beweisgang ist, daß das Integral $\int d\mathfrak{o}' \times \mathfrak{H}(\mathfrak{r}')\,G$ existiert. Dazu ist notwendig, daß $\mathfrak{H}_{\|}$ bei Annäherung an die Kante schwächer als 1/Abstand unendlich wird;

dies bedeutet aber nichts anderes, als daß die Kantenbedingung erfüllt sein muß, was ohnedies von der Lösung des Beugungsproblems zu fordern ist. Aus dem Zusammenhang (30) geht hervor, daß mit $\mathfrak{E}_s$, $\mathfrak{H}_s$ automatisch auch $\mathfrak{E}'_s$, $\mathfrak{H}'_s$ die Kantenbedingung erfüllen.

Für $z > 0$ hat (30) genau dieselbe Gestalt wie das ursprüngliche Babinet-Prinzip; führt man nämlich das Gesamtfeld $\mathfrak{E} = \mathfrak{E}_0 + \mathfrak{E}_s$ usw. ein, dann gilt

$$(\mathfrak{E}, \mathfrak{H}) + (\mathfrak{E}', \mathfrak{H}') = (\mathfrak{E}_0, \mathfrak{H}_0) \quad \text{für } z > 0. \tag{30a}$$

Der Unterschied gegenüber dem unexakten Babinet-Prinzip besteht darin, daß nunmehr die Randbedingungen auf S_1 und S_2 festgelegt sind, und zwar so, daß die eine lautet $\mathfrak{E}_{||} = 0$ und die andere $\mathfrak{H}_{||} = 0$.

28. Integralgleichung für die Beugung an der idealleitenden Scheibe

Führt man in die Integrale (27), (27a) die exakten Werte der Feldstärken auf der beiderseitigen Oberfläche einer unendlich dünnen, idealleitenden Scheibe ein, so ergibt sich die von der Scheibe ausgehende Sekundärwelle in der Gestalt

$$\mathfrak{E}(\mathfrak{r}) - \mathfrak{E}_0(\mathfrak{r}) = -\frac{1}{i\,\omega\,\varepsilon} \operatorname{rot}\operatorname{rot} \int do'\, \mathfrak{J}(\mathfrak{r}')\, G_0(\mathfrak{r}, \mathfrak{r}')\,; \tag{32}$$

$$\mathfrak{H}(\mathfrak{r}) - \mathfrak{H}_0(\mathfrak{r}) = \operatorname{rot} \int do'\, \mathfrak{J}(\mathfrak{r}')\, G_0(\mathfrak{r}, \mathfrak{r}')\,. \tag{32a}$$

Darin ist

$$\mathfrak{J}(\mathfrak{r}) = \mathfrak{n}(\mathfrak{r}) \times \delta\,\mathfrak{H}(\mathfrak{r})\,. \tag{33}$$

$\mathfrak{n}(\mathfrak{r})$ ist der Einheitsvektor in Richtung der Flächennormalen und $\delta\,\mathfrak{H}(\mathfrak{r})$ der Sprungwert von $\mathfrak{H}$ beim Durchschreiten der Fläche in Richtung $\mathfrak{n}$. Man sieht leicht ein, daß $\mathfrak{J}$ nichts anderes ist als der Flächenstrom. Zum Beweis geben wir zunächst der Fläche eine kleine, aber endliche Dicke. Nach der Maxwellschen Gleichung I (4a) gilt dann im Inneren der Scheibe (wo $\mathfrak{E} = 0$ ist):

$$\mathfrak{j} = \operatorname{rot}\mathfrak{H}\,.$$

Integriert man dies über die Dicke der Scheibe (die zugehörige Koordinate heiße n), so ergibt sich als Flächenstrom

$$\int \mathfrak{j}\, dn = \int dn \operatorname{rot}\mathfrak{H}\,.$$

Läßt man die Scheibendicke nun gegen null gehen, so können nur solche Anteile von $\operatorname{rot}\mathfrak{H}$ einen Beitrag liefern, welche gegen Unendlich streben, und das sind nur diejenigen, welche die Ableitung nach n enthalten, also wird

$$\int \mathfrak{j}\, dn = \int dn\, \mathfrak{n} \times \frac{\partial}{\partial n}\mathfrak{H} = \mathfrak{n} \times \delta\,\mathfrak{H}\,.$$

Damit zeigt sich, wie behauptet, daß $\mathfrak{J}$ der Flächenstrom ist.

Einer besonderen Betrachtung bedürfen allerdings die singulären Verhältnisse an der Kante. Es wäre an sich denkbar, daß durch den Grenzübergang zu verschwindender Scheibendicke Linienladungen oder Linienströme auf der Kante resultieren; durch die Kantenbedingung wird diese Möglichkeit jedoch ausgeschlossen, da hierbei — wie bereits beim einfachen Dipol — nichtintegrierbare Feldenergien auftreten würden.

Auf der idealleitenden Fläche verschwindet die Tangentialkomponente des gesamten elektrischen Feldes $\mathfrak{E}$; daher folgt aus (32) die Gleichung

$$\lim_{\mathfrak{r}'' \to \mathfrak{r}} \left[\operatorname{rot}\operatorname{rot} \int do' \, \mathfrak{J}(\mathfrak{r}') \, G_0(\mathfrak{r}'', \mathfrak{r}')\right]_{\|} = i\,\omega\,\varepsilon\,\mathfrak{E}_{0\|}(\mathfrak{r}), \tag{34}$$

wenn $\mathfrak{r}$ ein auf der Scheibe gelegener Punkt ist, dem sich $\mathfrak{r}''$ von außerhalb der Scheibe annähert. Der Index bezeichnet denjenigen Anteil der Vektoren, welcher zu der Tangentialebene der Scheibe im Punkte $\mathfrak{r}$ parallel ist. — Aus der Integro-Differentialgleichung (34) kann die Strombelegung und damit nach (32), (32a) das Feld im ganzen Raume bestimmt werden. Allerdings hat $\mathfrak{J}$ außer (34) gewissen Randbedingungen an der Scheibenkante zu genügen, damit die Kantenbedingung erfüllt wird: die Flächenladung $\frac{1}{i\,\omega}\operatorname{div}\mathfrak{J}$ muß integrierbar, und der Flächenstrom $\mathfrak{J}$ parallel zur Kante gerichtet sein; sonst würden notwendig Linienquellen und damit nichtintegrierbare Feldenergien auftreten.

Für eine ebene Scheibe formt man die linke Seite von (34) zweckmäßig um, indem man die Identität rot rot = grad div $-\Delta$ sowie die Schwingungsgleichung der Greenschen Funktion $\Delta G_0 = -k^2 G_0$ benützt:

$$(k^2 + \operatorname{grad}_{\|}\operatorname{div}) \int do' \, \mathfrak{J}(\mathfrak{r}') \, G_0(\mathfrak{r}, \mathfrak{r}') = i\,\omega\,\varepsilon\,\mathfrak{E}_{0\|}(\mathfrak{r}) \,. \tag{34a}$$

Hierin treten nur mehr Vektoren parallel zur Scheibenebene und Ableitungen in tangentieller Richtung auf, und der Limes $\mathfrak{r} \to \mathfrak{r}''$ kann am Integral ausgeführt werden. Wenn man will, kann man vorher die Differentiationen unter das Integral ziehen: Zunächst hat man wegen des zweidimensionalen Gaußschen Satzes für einen außerhalb der Fläche gelegenen Aufpunkt

$$\operatorname{div} \int do' \, \mathfrak{J}(\mathfrak{r}') \, G_0(\mathfrak{r}, \mathfrak{r}') = -\int do' \, \mathfrak{J} \cdot \nabla' G_0 = \int do' \, G_0 \operatorname{div} \mathfrak{J} \,.$$

Der Beitrag von der Randlinie fällt fort, weil dort $\mathfrak{J}$ keine zur Randlinie senkrechte Komponente besitzt. Zieht man nun noch die zweite Differentiation unter das Integral (34a) und verwandelt sie in eine Ableitung nach $\mathfrak{r}'$, so erhält man (genau wie in Ziffer 10) ein Integral, welches als bedingt konvergentes auch auf der Fläche existiert und dort überdies mit den beiderseitigen Grenzwerten übereinstimmt. Die Integralgleichung lautet damit

$$\int_S do' \left[k^2\, \mathfrak{J}(\mathfrak{r}')\, G_0(\mathfrak{r},\mathfrak{r}') - \operatorname{div}'\, \mathfrak{J}(\mathfrak{r}')\, \operatorname{grad}'\, G_0(\mathfrak{r},\mathfrak{r}')\right] = i\,\omega\,\varepsilon\, \mathfrak{E}_{0\parallel}(\mathfrak{r})\,. \quad (34\text{b})$$

Den Fall einer Öffnung in einem unendlich ausgedehnten ebenen Schirm kann man nach dem strengen Babinet-Prinzip auf die Randwertaufgabe $\mathfrak{H}_\parallel = 0$ in der Öffnung zurückführen. Man gelangt so von (27a) zu der Integro-Differentialgleichung für die Öffnungsfläche

$$(k^2 + \operatorname{grad}_{\parallel} \operatorname{div}) \int_{\ddot{o}} do'\, \mathfrak{J}^*(\mathfrak{r}')\, G_0(\mathfrak{r},\mathfrak{r}') = -\,i\,\omega\,\mu\, \mathfrak{H}_{0\parallel}(\mathfrak{r})\,. \quad (35)$$

Sie kann ebenfalls in der zu (34b) analogen Form geschrieben werden. $\mathfrak{J}^*$ ist darin eine (fiktive) magnetische Strombelegung, welche wie $\mathfrak{J}$ den Randbedingungen genügen muß: div $\mathfrak{J}^*$ integrierbar, $\mathfrak{J}^* \parallel$ Kante. Aus der Lösung von (35) erhält man das gesamte Feld nach (30), (27), (27a) zu

$$\mathfrak{E} = -\operatorname{rot} \int_{\ddot{o}} do'\, \mathfrak{J}^*(\mathfrak{r}')\, G_0(\mathfrak{r},\mathfrak{r}') \quad \text{im Schattenhalbraum;} \quad (36\text{a})$$

$$\mathfrak{E} = \mathfrak{E}_0 + \mathfrak{E}_r + \operatorname{rot} \int_{\ddot{o}} do'\, \mathfrak{J}^*(\mathfrak{r}')\, G_0(\mathfrak{r},\mathfrak{r}') \quad \text{im Lichthalbraum.} \quad (36\text{b})$$

Gl. (35) liegt im wesentlichen den Methoden von Bethe [1944] und Copson [1946] zur näherungsweisen Behandlung der Beugung an kleinen Öffnungen (speziell an der kreisförmigen Öffnung) zugrunde.

Obwohl wir bisher stets vorausgesetzt haben, daß die beugende Scheibe bzw. die beugende Öffnung ganz im Endlichen liegt, lassen sich die erhaltenen Formeln ohne Schwierigkeit auch auf Fälle anwenden, in welchen die Randlinie sich ins Unendliche erstreckt [s. dazu Peters und Stoker 1954].

29. Beugung am schmalen Spalt

Als Beispiel für die Anwendung der Integralgleichung (35) betrachten wir die Beugung an einem unendlich langen geraden Spalt. Die Schirmebene sei $z = 0$, die Spaltfläche $z = 0$, $|x| < a$, und es werde vorausgesetzt $ka \ll 1$. Die ebene Primärwelle falle aus der negativen z-Richtung senkrecht auf den Schirm (s. Abb. 24). Das gesamte Feld wird dann von y unabhängig, und Gl. (35) zerfällt in die beiden skalaren Gleichungen

$$\left(k^2 + \frac{d^2}{dx^2}\right) \int_{\text{Spalt}} do'\, F_x^*(x')\, G_0(\mathfrak{r},\mathfrak{r}') = -\,i\,\omega\,\mu\, \mathrm{H}_{0x}; \quad (37\text{a})$$

$$k^2 \int_{\text{Spalt}} do'\, F_y^*(x')\, G_0(\mathfrak{r},\mathfrak{r}') = -\,i\,\omega\,\mu\, \mathrm{H}_{0y}. \quad (37\text{b})$$

H_{0x} und H_{0y} sind auf der Spaltfläche konstant. — Um in (37a) von den Ableitungen frei zu werden, faßt man [nach Sommerfeld 1950, S. 282] diese Gleichung als lineare inhomogene Differentialgleichung für das Integral auf; die allgemeine Lösung setzt sich linear aus einer Partikularlösung der inhomogenen und den beiden unabhängigen Lösungen der homogenen Gleichung zusammen:

$$\int do' \, F_x^*(x') \, G_0(\mathfrak{r}, \mathfrak{r}') = \frac{1}{i\,\omega\,\varepsilon} \mathrm{H}_{0x} + A \cos k\,x + B \sin k\,x .$$

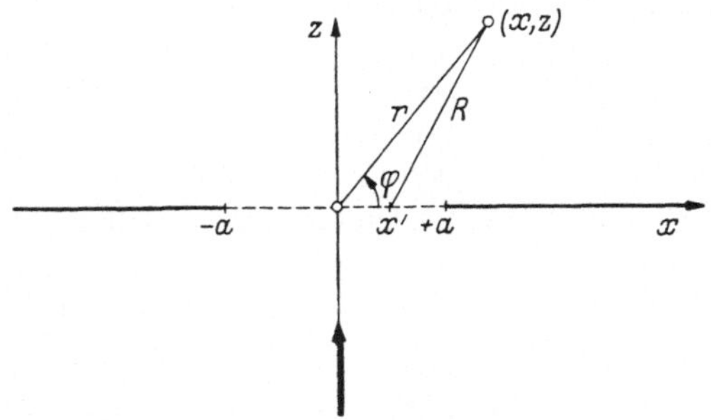

Abb. 24. Beugung am Spalt

Da das gesamte Feld in x symmetrisch sein muß, verschwindet B. Die verbleibende Integrationskonstante A bestimmt man, indem man $x = 0$ setzt, zu

$$A = -\frac{1}{i\,\omega\,\varepsilon} \mathrm{H}_{0x} + \int\limits_{-a}^{+a} dx' \int\limits_{-\infty}^{+\infty} dy' \, F_x^*(x') \, \frac{e^{ik\sqrt{x'^2 + (y'-y)^2}}}{4\pi\sqrt{x'^2 + (y'-y)^2}} .$$

Führt man hierin wie auch in (37a, b) die y-Integration mittels II (142) aus, so verbleibt schließlich

$$\int\limits_{-a}^{+a} dx' \, F_x^*(x') \left[H_0^{(1)}(k\,|x'-x|) - \cos k\,x \, H_0^{(1)}(k\,|x'|)\right] = -\frac{4}{\omega\,\varepsilon} \mathrm{H}_{0x}(1 - \cos k\,x); \qquad (38\text{a})$$

$$\int\limits_{-a}^{+a} dx' \, F_y^*(x') \, H_0^{(1)}(k\,|x'-x|) = -\frac{4}{\omega\,\varepsilon} \mathrm{H}_{0y} . \qquad (38\text{b})$$

Die Kantenbedingung erfordert das Verschwinden des zum Rand senkrechten Stromes, also

$$F_x(a) = F_x(-a) = 0 . \qquad (38\text{c})$$

Die Integrierbarkeit von div $\mathfrak{F}$ wird durch diese Bedingung gleichfalls gewährleistet.

Bei der Lösung dieser Gleichungen folgen wir Müller und Westpfahl [1953]. Wir substituieren für x und x'

$$x = a \cos u; \qquad x' = a \cos v \tag{39}$$

und weiterhin $(\alpha = k\, a)$ (40a)

$$P(u, v) = \frac{\pi}{2i}\left\{H_0^{(1)}(\alpha\,|\cos v - \cos u|) - \cos(\alpha \cos u)\, H_0^{(1)}(\alpha\,|\cos v|)\right\};$$

$$S(u, v) = \frac{\pi}{2i} H_0^{(1)}(\alpha\,|\cos v - \cos u|); \tag{40b}$$

für die Kerne der Integralgleichungen und

$$p(v) = \frac{a\,\omega\,\varepsilon}{2\pi i\,\mathrm{H}_{0x}} \sin v\, F_x^*(x'); \tag{41a}$$

$$s(v) = \frac{a\,\omega\,\varepsilon}{2\pi i\,\mathrm{H}_{0y}} \sin v\, F_y^*(x'); \tag{41b}$$

für die gesuchten Funktionen. Die Integralgleichungen lauten dann:

$$\int_0^\pi p(v)\, P(u, v)\, dv = 1 - \cos(\alpha \cos u); \tag{42a}$$

$$\int_0^\pi s(v)\, S(u, v)\, dv = 1. \tag{42b}$$

Die Kantenbedingung liefert

$$p(0) = p(\pi) = 0. \tag{42c}$$

Die Symbole p, P bzw. s, S deuten darauf hin, daß es sich um diejenigen Komponenten handelt, bei denen der elektrische Vektor parallel bzw. senkrecht zu den Spaltkanten polarisiert ist.

Um diese Gleichungen für kleine Spaltbreiten zu lösen, entwickeln wir sämtliche auftretenden Funktionen nach steigenden Potenzen von α (ungerade Potenzen treten dabei nicht auf, doch enthalten die Koeffizienten noch $\log \alpha$):

$$P(u, v) = \sum_{l=0}^{\infty} \alpha^{2l} P_l(u, v); \quad p(v) = \sum_{l=0}^{\infty} \alpha^{2l} p_l(v) \text{ etc.} \tag{43}$$

Aus (42a, b) entstehen dann die folgenden Integralgleichungen nullter, erster, zweiter usw. Ordnung in α^2:

$$\int_0^\pi p_0(v)\, P_0(u, v)\, dv = 0; \tag{44a 0}$$

$$\int_0^\pi p_1(v)\, P_0(u, v)\, dv = \frac{1}{2}\cos^2 u - \int_0^\pi p_0(v)\, P_1(u, v)\, dv; \tag{44a 1}$$

$$\int_0^\pi p_2(v)\, P_0(u, v)\, dv = -\frac{1}{24}\cos^4 u - \int_0^\pi p_1(v)\, P_1(u, v)\, dv - \\ - \int_0^\pi p_0(v)\, P_2(u, v)\, dv; \tag{44a 2}$$

usw.

$$\int_0^\pi s_0(v)\, S_0(u, v)\, dv = 1; \tag{44b 0}$$

$$\int_0^\pi s_1(v)\, S_0(u, v)\, dv = -\int_0^\pi s_0(v)\, S_1(u, v)\, dv; \tag{44b 1}$$

$$\int_0^\pi s_2(v)\, S_0(u, v)\, dv = -\int_0^\pi s_1(v)\, S_1(u, v)\, dv - \int_0^\pi s_0(v)\, S_2(u, v)\, dv; \tag{44b 2}$$

usw.

Man erhält somit die sukzessiven Ordnungen der gesuchten Funktionen durch sukzessive Auflösung von inhomogenen Integralgleichungen erster Art, deren Kern stets $P_0(u, v)$ bezw. $S_0(u, v)$ ist; die höheren Glieder von $P(u, v)$ bzw. $S(u, v)$ werden mit bereits vorher bestimmten Funktionen gefaltet und steuern daher nur zu den Inhomogenitäten bei.

Wir müssen nunmehr die Entwicklung der Kerne explizit angeben. Für die Hankel-Funktion $H_0^{(1)}$ gilt die Entwicklung (s. Magnus-Oberhettinger [1948], S. 25)

$$\frac{\pi}{2i} H_0^{(1)}(z) = \log\frac{\gamma z}{2i} - \frac{z^2}{4}\left(\log\frac{\gamma z}{2i} - 1\right) + \frac{z^4}{64}\left(\log\frac{\gamma z}{2i} - \frac{3}{2}\right)\cdots \tag{45}$$

$\log\gamma = 0{,}577215$ ist die Eulersche Konstante. Führt man dies in (40a, b) ein, so folgt mit $j = \frac{\gamma\alpha}{4i}$

$$P_0(u, v) = \log|\cos u - \cos v| - \log|\cos v|; \tag{46a 0}$$

$$P_1(u, v) = \frac{1}{4}(\cos^2 u - 2\cos u \cos v) - \frac{1}{4}(\cos u - \cos v)^2 \log(2j\,|\cos u - \cos v|) + \left(\frac{1}{2}\cos^2 u + \frac{1}{4}\cos^2 v\right)\log(2j\,|\cos v|); \tag{46a 1}$$

$$S_0(u, v) = \log(2j\,|\cos u - \cos v|); \tag{46b 0}$$

$$S_1(u, v) = \frac{1}{4}(\cos u - \cos v)^2 \{1 - S_0(u, v)\}; \tag{46b 1}$$

$$S_2(u, v) = \frac{1}{64}(\cos u - \cos v)^4 \left\{S_0(u, v) - \frac{3}{2}\right\}. \tag{46b 2}$$

Man kann diese Ausdrücke in doppelte Fourier-Summen verwandeln, indem man die Logarithmen zuerst in folgender Weise aufspaltet:

$$\log(2\,|\cos v|) = \frac{1}{2}\log(1 + e^{2iv}) + \frac{1}{2}\log(1 + e^{-2iv})$$

$$\log(2\,|\cos u - \cos v|) = \frac{1}{2}\log(1 - e^{i(u+v)}) + \frac{1}{2}\log(1 - e^{-i(u+v)}) + \frac{1}{2}\log(1 - e^{i(u-v)}) + \frac{1}{2}\log(1 - e^{i(v-u)})$$

und dann die einzelnen Terme in die logarithmische Reihe entwickelt. Das Ergebnis ist

$$P_0(u,v) = \sum_{n=1}^{\infty} \frac{1}{n}\left\{(-1)^n \cos 2nv - 2\cos nu \cos nv\right\}; \tag{47a}$$

$$S_0(u,v) = q - 2\sum_{n=1}^{\infty} \frac{1}{n} \cos nu \cos nv. \tag{47b}$$

$$\left[q = \log j = \log \frac{\gamma \alpha}{4i}\right].$$

Hieraus folgt, daß $\cos nv$ (bis auf eine Konstante) die „Eigenfunktionen" der Kerne sind, daß nämlich

$$\int_0^\pi dv \cos(2nv)\, P_0(u,v) = \frac{\pi}{2n}\left\{(-1)^n - \cos(2nu)\right\}; \tag{48a}$$

$$\int_0^\pi dv \cos\left((2n+1)v\right) P_0(u,v) = -\frac{\pi}{2n+1} \cos\left((2n+1)u\right); \tag{48a'}$$

$$\int_0^\pi dv \cos(nv)\, S_0(u,v) = \begin{cases} \pi q \text{ für } n = 0; \\ -\frac{\pi}{n}\cos(nu); \text{ für } n > 0. \end{cases} \tag{48b}$$

Mit Hilfe dieser Beziehungen können die inhomogenen Gleichungen (44a, b) sofort gelöst werden, wenn die Inhomogenitäten als Fourier-Reihen nach $\cos nu$ dargestellt sind; unbestimmt bleibt allerdings dabei das konstante Glied von p_l — es wird aber durch die Kantenbedingung (42c) festgelegt.

In nullter Ordnung erhält man aus (44a 0), (44b 0)

$$p_0 = 0; \qquad s_0 = \frac{1}{\pi q}. \tag{49}$$

Um die in den höheren Ordnungen als Inhomogenität auftretenden Integrale zu berechnen, benötigt man die Fourier-Reihe für P_1, S_1, S_2, allerdings, wenn wir die Rechnung bis zur zweiten Ordnung durchführen, nur die Glieder 1 und $\cos 2v$ in P_1 und S_1, und nur das von v unabhängige Glied in S_2. Man erhält die Fourier-Reihen, indem man in (46) die Fourier-Reihen für die Logarithmen einführt und dann die cos-Produkte mittels der Relation

$$2\cos nv \cos mv = \cos(m+n)v + \cos(m-n)v$$

zusammenfaßt. So ergibt sich

$$P_1 = \frac{2q-1}{16}(1+\cos 2u) + \left(\frac{5}{32} + \frac{1}{6}\cos 2u + \frac{1}{96}\cos 4u\right)\cos 2v + \cdots \tag{50a}$$

$$S_1 = -\frac{q}{4} - \frac{2q+1}{16}\cos 2u - \frac{2q+1}{16}\cos 2v - \\ - \frac{1}{12}\cos 2v\left(\cos 2u - \frac{1}{8}\cos 4u\right) + \cdots \tag{50b}$$

$$S_2 = \frac{3}{256}(3q-1) + \frac{6q-1}{192}\cos 2u + \frac{1}{512}\left(q + \frac{7}{12}\right)\cos 4u + \cdots. \tag{50c}$$

Mit (50b) erhält man aus (44a 1), (44b 1)

$$\int_0^\pi p_1(v)\, P_0(u, v)\, dv = \frac{1 + \cos 2u}{4};$$

$$\int_0^\pi s_1(v)\, S_0(u, v)\, dv = \frac{1}{4} + \frac{2q+1}{16q} \cos 2u.$$

Die Lösung ist nach (48a, b) und (42c)

$$p_1(v) = \frac{1 - \cos 2v}{2\pi}; \qquad s_1 = \frac{1}{4\pi q} - \frac{2q+1}{8\pi q} \cos 2v. \tag{51}$$

Die Integralgleichungen zweiter Ordnung (44a 2), (44b 2) werden nunmehr

$$\int_0^\pi p_2(v)\, P_0(u, v)\, dv = \frac{1}{16}\left(\frac{5}{6} - q\right)(1 + \cos 2u) + \frac{1}{384}(1 - \cos 4u);$$

$$\int_0^\pi s_2(v)\, S_0(u, v)\, dv = \frac{1}{64}\left(\frac{3}{4} - q + \frac{1}{2q}\right) - \frac{2q-3}{192q} \cos 2u - \frac{q + \frac{3}{4}}{1536q} \cos 4u.$$

Ihre Lösung ist

$$p_2 = \frac{1}{8\pi}\left(\frac{3}{4} - q\right) + \frac{1}{8\pi}\left(q - \frac{5}{6}\right)\cos 2v + \frac{1}{96\pi} \cos 4v; \tag{51a}$$

$$s_2 = \frac{1}{64\pi q}\left(\frac{3}{4} - q + \frac{1}{2q}\right) + \frac{2q-3}{96\pi q} \cos 2v + \frac{4q+3}{1536\pi q} \cos 4v. \tag{51b}$$

Damit sind die Integralgleichungen bis zur Ordnung α^4 gelöst. Gehen wir mittels (41a, b) wieder auf die ursprünglichen Größen F_x^*, F_y^* zurück, so folgt schließlich

$$F_x^*(x) = \frac{2i k^2 \mathrm{H}_{0x}}{\omega \cdot \varepsilon} \sqrt{a^2 - x^2}\left(1 + \frac{k^2 a^2}{4}\left(\frac{5}{6} - q\right) - \frac{k^2 x^2}{12}\right); \tag{52a}$$

$$F_y^*(x) = \frac{2i \mathrm{H}_{0y}}{\omega \varepsilon q \sqrt{a^2 - x^2}} \left\{1 + \frac{1-2q}{8} k^2 a^2 + \frac{k^4 a^4}{512}\left(\frac{4}{q} + 4q - 9\right)\right.$$

$$\left. + \frac{2q+1}{4} k^2 (a^2 - x^2) + \frac{3 - 4q}{64} k^2 a^2 (a^2 - x^2) + \frac{3 + 4q}{192} k^4 (a^2 - x^2)^2 \right\}. \tag{52b}$$

Durch diese Formeln wird gleichzeitig die elektrische Feldstärke in der Spaltfläche gegeben; denn Gl. (33) zusammen mit der Symmetrieeigenschaft (28) zeigt — nach Vertauschung elektrischer und magnetischer Größen wegen des hier behandelten komplementären Problems —, daß [beachte (36)]

$$\mathfrak{E}(x, y, 0) = \frac{1}{2} \mathfrak{F}^* \times \mathfrak{e}_z \quad \text{für } |x| < a.$$

Zum Vergleich mit der Primärerregung führt man dann noch mittels der Maxwellschen Gleichung I (4a) den elektrischen Primärvektor

$$\mathfrak{E}_0 = \frac{k}{\omega \varepsilon} \mathfrak{H}_0 \times \mathfrak{e}_z$$

an Stelle des magnetischen ein, und hat

$$E_y(x, y, 0) = i\,k\,E_{0y}\sqrt{a^2 - x^2}\,(1 + \cdots)\,; \tag{53a}$$

$$E_x(x, y, 0) = \frac{i\,E_{0x}}{\left(\log\frac{\gamma k a}{4} - i\frac{\pi}{2}\right) k\sqrt{a^2 - x^2}}\left\{1 + \cdots\right\}. \tag{53b}$$

Die zum Spalt parallele Komponente des elektrischen Feldes ist also um eine Größenordnung ka kleiner als die primäre; merkwürdigerweise ist umgekehrt die zum Spalt senkrechte Komponente um einen Faktor $1/ka$ gegenüber der Primärerregung verstärkt (abgesehen davon, daß sie am Spaltrand unendlich wird).

Zur Berechnung des Strahlungsfeldes nach (36a, b) behält man zweckmäßig die Variable v und die Funktionen $p(v)$, $s(v)$ bei. Damit wird

$$\int do'\, \mathfrak{F}^*(\mathfrak{r}')\, G_0(\mathfrak{r}, \mathfrak{r}') = -\frac{\pi}{2\,\omega\,\varepsilon}\int_0^{\pi} dv\,[\mathfrak{e}_x\,\mathrm{H}_{0x}\,p(v) + \mathfrak{e}_y\,\mathrm{H}_{0y}\,s(v)]\cdot$$
$$\cdot H_0^{(1)}\left(k\sqrt{z^2 + (x - a\cos v)^2}\right).$$

Beschränkt man sich auf sehr weit entfernte Aufpunkte, dann kann man näherungsweise

$$\sqrt{z^2 + (x - a\cos v)^2} \approx r - \frac{a\,x}{r}\cos v\,; \quad r = \sqrt{z^2 + x^2}\,;$$

setzen und für die Hankel-Funktion die asymptotische Formel II (13) benützen. So folgt

$$\int do'\,\mathfrak{F}^*\,G_0 \sim -\frac{1}{\omega\,\varepsilon}\cdot\sqrt{\frac{\pi}{2k\,r}}\,e^{i\left(kr - \frac{\pi}{4}\right)}\int_0^{\pi} dv\,[\mathfrak{e}_x\,\mathrm{H}_{0x}\,p(v) + \mathfrak{e}_y\,\mathrm{H}_{0y}\,s(v)]\cdot$$
$$\cdot\, e^{-i\alpha\frac{x}{r}\cos v}. \tag{54}$$

Zur Auswertung dieser Integrale ist gerade die Fourier-Darstellung von $p(v)$ und $s(v)$ bequem. Nach II (8), (11) ist nämlich

$$J_n(z) = \frac{1}{2\pi}\int_0^{2\pi} d\chi\, e^{iz\cos\chi + in\left(\chi - \frac{\pi}{2}\right)}.$$

Setzen wir hierin $\chi = \pi + v$ und $z = \alpha\frac{x}{r}$, so folgt leicht

$$J_n\left(\alpha\frac{x}{r}\right) = \frac{i^n}{\pi}\int_0^{\pi} dv\,\cos nv\; e^{-i\alpha\frac{x}{r}\cos v}. \tag{55}$$

$p(v)$ und $s(v)$ haben wir in folgender Gestalt berechnet:

$$p(v) = \sum_{n=0}^{\infty} A_n\cos(2n\,v)\,; \quad s(v) = \sum_{n=3}^{\infty} B_n\cos(2n\,v). \tag{56}$$

Die ersten Koeffizienten sind dabei:

$$\left.\begin{aligned} A_0 &= \frac{\alpha^2}{2\pi}\left\{1 + \frac{\alpha^2}{16}(3 - 4q)\right\}; \\ A_1 &= -\frac{\alpha^2}{2\pi}\left\{1 + \frac{\alpha^2}{24}(5 - 6q)\right\}; \qquad A_2 = \frac{\alpha^4}{96\pi}; \\ B_0 &= \frac{1}{\pi\, q}\left\{1 + \frac{\alpha^2}{4} + \frac{\alpha^4}{256}(3 - 4q + 2/q)\right\}; \\ B_1 &= -\frac{\alpha^2}{8\pi\, q}\left\{2q + 1 + \frac{\alpha^2}{12}(3 - 2q)\right\}; \qquad B_2 = \frac{4q + 3}{1536\pi q}\alpha^4. \end{aligned}\right\} \tag{57}$$

Setzt man (56) in (54) ein, so folgt nach (55) und (36a)

$$\mathfrak{E}(\mathfrak{r}) = \frac{\pi^2}{\omega\,\varepsilon\sqrt{\lambda\, r}}$$

$$\cdot e^{i\left(kr + \frac{\pi}{4}\right)} \sum_{n=0}^{\infty} (-1)^n \left[\frac{z}{r}\,\mathfrak{e}_y\, \mathrm{H}_{0x}\, A_n + \left(\frac{x}{r}\,\mathfrak{e}_z - \frac{z}{r}\,\mathfrak{e}_x\right)\mathrm{H}_{0y}\, B_n\right] \cdot J_{2n}\!\left(\alpha\frac{x}{r}\right).$$

Die Bessel-Funktionssumme bestimmt die Winkelverteilung des Fernfeldes; x/r ist $\sin\vartheta$, wo ϑ der Beugungswinkel ist. Bemerkenswert ist, daß nach (57) nur B_0 ein Glied nullter Ordnung in α^2 enthält, daß also die gebeugte Welle nahezu senkrecht zum Spalt polarisiert ist.

30. Kirchhoffsche Formeln für den ebenen Schirm

Die im allgemeinen sehr schwierige Aufgabe, die Greenschen Dyaden aufzufinden, kann für den ebenen Schirm mittels eines Spiegelungsprinzips elementar gelöst werden. Zu diesem Zweck ergänzt man die Greensche Dyade I (45) des leeren Raumes, welche eine im Punkte Q befindliche dyadische Dipolquelle darstellt, durch eine spiegelbildliche Dipolquelle, welche man gleich- oder gegenphasig hinzufügt; im zweiten Falle hat man:

$$\Gamma(\mathfrak{r}, \mathfrak{r}') = \frac{\mu}{k^2}\,\mathrm{rot\,rot}\left[I\; G_0\;(\mathfrak{r}, \mathfrak{r}') - I^*\, G_0\;(\mathfrak{r},\, \mathfrak{r}'^*)\right]. \tag{59}$$

Darin bedeutet I^* die Dyade der Spiegelung an der Schirmebene (ihre Normalenrichtung sei durch den Einheitsvektor $\mathfrak{n}$ gegeben) und $\mathfrak{r}'^*$ den an der Schirmebene gespiegelten Vektor $\mathfrak{r}'$:

$$I^* = I - 2\mathfrak{n}\,\mathfrak{n}; \qquad \mathfrak{r}'^* = I^* \cdot \mathfrak{r}'. \tag{60}$$

(59) bleibt trotz des Zusatzes eine Greensche Dyade für einen durch die Schirmebene begrenzten Halbraum; liegt nämlich $\mathfrak{r}'$ in diesem Halbraum, so liegt $\mathfrak{r}'^*$ bestimmt außerhalb, und (59) erfüllt im ganzen Halbraum nach wie vor die inhomogene Wellengleichung I (30), da die zugefügte spiegelbildliche Dyade die homogene Gleichung erfüllt. —

Die beiden Summanden von (59) sind die Dyaden, welche den elektrischen Vektoren zweier spiegelbildlicher elektrischer Dipole zugeordnet sind. Liegt $\mathfrak{r}$ auf der Schirmebene, so sind die Tangentialkomponenten aus Symmetriegründen gleich, (59) erfüllt also die Randbedingung

$$d\mathfrak{o} \times \Gamma(\mathfrak{r}, \mathfrak{r}') = 0. \tag{61}$$

Dies ist identisch mit I (51), wenn $e = 1$, $h = 0$ gesetzt wird. Für rot Γ kehren sich die Symmetrieverhältnisse um, daher ist die Rotation von Γ in der Schirmebene genau gleich der zweifachen Rotation des ersten Summanden. Führt man Gl. (59) in I (53) ein, so fällt das Glied mit $\mathfrak{H}$ weg, und das Glied mit $\mathfrak{E}$ wird doppelt so groß, wie wenn wir mit der Dyade des leeren Raumes gerechnet hätten. Man erhält somit an Stelle von Gl. (27)

$$\mathfrak{E}(\mathfrak{r}) = 2 \operatorname{rot} \int d\mathfrak{o}' \times \mathfrak{E}(r')\, G_0(\mathfrak{r}, \mathfrak{r}') . \tag{62}$$

Diese Gleichung erlaubt ganz allgemein eine Lösung der vektoriellen Schwingungsgleichung aus ihren Randwerten auf einer Ebene zu berechnen. Sie gilt in derselben Weise auch für das magnetische Feld:

$$\mathfrak{H}(\mathfrak{r}) = 2 \operatorname{rot} \int d\mathfrak{o}' \times \mathfrak{H}(\mathfrak{r}')\, G_0(\mathfrak{r}, \mathfrak{r}') . \tag{62a}$$

Der Vergleich mit (27) und (27a) zeigt, daß dort die beiden Summanden jeweils einander gleich sind, daß man also auch $\mathfrak{E}$ mit Hilfe des verdoppelten zweiten Summanden aus den Randwerten von $\mathfrak{H}$ ausrechnen kann und umgekehrt; dasselbe erhält man aber auch einfach dadurch, daß man aus (62) mittels der Maxwellschen Gleichung I (4b) den Vektor $\mathfrak{H}$ berechnet, und aus (62a) mittels I (4a) den Vektor $\mathfrak{E}$.

Die Gleichungen (62), (62a) haben gegenüber (27), (27a) den Vorzug, daß die eingesetzten Randwerte von $\mathfrak{E}$ oder von $\mathfrak{H}$ auch wirklich von der berechneten Funktion angenommen werden. Für die Anwendung in der Kirchhoffschen Beugungstheorie ist dies jedoch von zweifelhaftem Werte; denn die Randwerte für $\mathfrak{E}$ oder $\mathfrak{H}$, welche man dabei annimmt, sind bestimmt unrichtig, und man möchte sie verbessern, nicht jedoch reproduzieren. Zum anderen ist zu bedenken, daß (62) und (62a) nur solange äquivalent sind, als auf der rechten Seite die Randwerte $\mathfrak{E}$ und $\mathfrak{H}$ eines Feldes eingesetzt werden, welches die Maxwellschen Gleichungen erfüllt. Dies ist für die Randwerte der Kirchhoffschen Näherung nicht der Fall; (62) und (62a) führen deshalb zu verschiedenen Lösungen des Beugungsproblems, von denen die eine die vorgegebenen Randwerte von $\mathfrak{E}$, die andere die von $\mathfrak{H}$ annimmt — die Randwerte der jeweils anderen Funktionen dagegen werden schlechter reproduziert als bei den Gln. (27) und (27a).

31. Beugung am ebenen Schirm nach der Braunbekschen Methode

Die in Ziffer 26 skizzierte Theorie von Braunbek nimmt eine verhältnismäßig einfache Gestalt an, sofern man sie auf die Beugung an einem ebenen Schirm, speziell bei senkrechtem Einfall, anwendet. Einen Überblick über die Randwerte der zu einem idealleitenden, ebenen Schirm parallelen Komponenten des elektrischen und magnetischen Feldvektors gibt Tab. 3. Bekannt ist der Wert des elektrischen Feld-

Tabelle 3

	Randwerte von			
	$\mathfrak{E}$		$\mathfrak{H}$	
	Schirm	Öffnung	Schirm	Öffnung
Kirchhoff	0	$\mathfrak{E}_0$	0	$\mathfrak{H}_0$
exakt	0	?	?	$\mathfrak{H}_0$
Braunbek	0	$\mathfrak{E}_s$	$\mathfrak{H}_s$	$\mathfrak{H}_0$

vektors auf dem Schirm und des magnetischen Feldvektors in der Öffnung; $\mathfrak{E} = 0$ auf dem Schirm folgt aus der idealen Leitfähigkeit, $\mathfrak{H} = \mathfrak{H}_0$ in der Öffnung aus Ziffer 27. Die Kirchhoffsche Näherung nimmt darüber hinaus das Verschwinden von $\mathfrak{H}$ auf der Rückseite des Schirms an und setzt den elektrischen Feldvektor in der Öffnung gleich dem primären $\mathfrak{E}_0$. Braunbek setzt an Stelle dieser beiden Größen die aus der Sommerfeldschen Beugung an der Halbebene folgende Werte, wobei die Umgebung jedes infinitesimalen Stücks der beugenden Kante wie ein Ausschnitt aus einer Sommerfeldschen Halbebene behandelt wird. Beschränken wir uns auf den Fall, daß Quellpunkt und Aufpunkt durch die Schirmebene getrennt werden, so lautet der Braunbeksche Ansatz für das gesamte Feld nach Gl. (62):

$$\mathfrak{E}(\mathfrak{r}) = 2 \operatorname{rot} \int_{\ddot{O}} d\mathfrak{o}' \times \mathfrak{E}_s(\mathfrak{r}')\, G_0(\mathfrak{r}, \mathfrak{r}'); \tag{63a}$$

$$\mathfrak{H}(\mathfrak{r}) = 2 \operatorname{rot} \Big\{ \int_{\ddot{O}} d\mathfrak{o}' \times \mathfrak{H}_0(\mathfrak{r}')\, G_0(\mathfrak{r}, \mathfrak{r}') + \int_{S} d\mathfrak{o}' \times \mathfrak{H}_s(\mathfrak{r}')\, G_0(\mathfrak{r}, \mathfrak{r}') \Big\}. \tag{63b}$$

Um die Randwerte $\mathfrak{E}_s$ und $\mathfrak{H}_s$ zu berechnen, verwenden wir Gl. (11) und (23); wenn wir annehmen, daß die Primärwelle eben ist und die Schirmebene senkrecht trifft, dann erhalten wir für die zur Kante parallelen Komponenten der Feldvektoren

$$\mathfrak{E}_{s\|} = \frac{e^{-i\frac{\pi}{4}}}{\sqrt{2}} \left[\mathfrak{E}_{0\|} \int_{-\infty}^{v} e^{i\frac{\pi}{2}v^2} dv - \mathfrak{E}^*_{0\|} \int_{-\infty}^{v^*} e^{i\frac{\pi}{2}v^2} dv \right]; \tag{64a}$$

$$\mathfrak{H}_{s\|} = \frac{e^{-i\frac{\pi}{4}}}{\sqrt{2}} \left[\mathfrak{H}_{0\|} \int_{-\infty}^{v} e^{i\frac{\pi}{2}v^2} dv + \mathfrak{H}^*_{0\|} \int_{-\infty}^{v^*} e^{i\frac{\pi}{2}v^2} dv \right]. \tag{64b}$$

Der Stern deutet darin wieder die Spiegelung an der Schirmebene an, und v, v^* sind definiert durch

$$v = 2\sqrt{\frac{k\,\xi}{\pi}}\cos\frac{\varphi-\varphi_Q}{2} \qquad v^* = 2\sqrt{\frac{k\,\xi}{\pi}}\cos\frac{\varphi+\varphi_Q}{2}\,. \tag{65}$$

ξ ist darin der Abstand des Aufpunktes p von der Kante, φ sein Azimut, von der rückwärtigen Schirmfläche aus gerechnet (s. Abb. 25) und φ_Q der Azimutwinkel der Quelle, welche wir beim Winkel $\varphi_Q = \frac{3\pi}{2}$ ins Unendliche verlegen. Die in (64) noch fehlenden Komponenten der gebeugten Welle in der Schirmebene senkrecht zur Kante erhalten wir aus (64) durch Anwendung der Maxwellschen Gleichungen I (4a, b). Nennen wir $\mathfrak{n}$ den Einheitsvektor der Flächennormalen, $\partial/\partial n$ die Ableitung nach der dazugehörigen Richtung, so haben wir

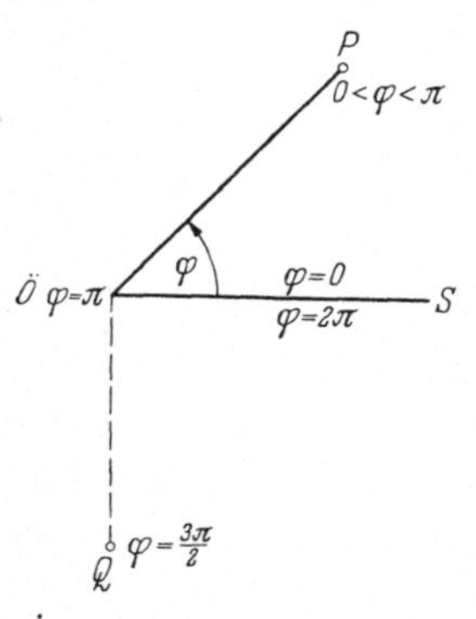

Abb. 25. Beugung an der Kante bei senkrechtem Einfall

$$\mathfrak{H}_{s\perp} = \frac{1}{i\,\omega\,\mu}\,\mathfrak{n}\times\frac{\partial}{\partial n}\,\mathfrak{E}_{\parallel}\,; \tag{66a}$$

$$\mathfrak{E}_{s\perp} = -\frac{1}{i\,\omega\,\varepsilon}\,\mathfrak{n}\times\frac{\partial}{\partial n}\,\mathfrak{H}_{s\parallel}\,. \tag{66b}$$

Die Anwendung dieser Operationen auf die Faktoren $\mathfrak{E}_{0\parallel}$ bzw. $\mathfrak{H}_{0\parallel}$ der Gl. (64) liefert $\mathfrak{H}_{0\perp}$ bzw. $\mathfrak{E}_{0\perp}$, bei den gespiegelten Feldstärken ergibt sich dazu ein Minuszeichen. Verlegen wir dann den Aufpunkt noch in die Schirmebene, so wird $\mathfrak{E}_{0\parallel} = \mathfrak{E}^*_{0\parallel}$ und $\mathfrak{H}_{0\parallel} = \mathfrak{H}^*_{0\parallel}$, und man erhält

$$\mathfrak{E}_s = \frac{e^{-i\frac{\pi}{4}}}{\sqrt{2}}\,\mathfrak{E}_0\int\limits_{v^*}^{v} e^{i\frac{\pi}{4}v^2}\,dv - \frac{1}{i\,\omega\,\varepsilon}\cdot\frac{e^{-i\frac{\pi}{4}}}{\sqrt{2}}\,\mathfrak{n}\times\mathfrak{H}_{0\parallel}\left[e^{i\frac{\pi}{4}v^2}\frac{\partial v}{\partial n} + e^{i\frac{\pi}{2}v^{*2}}\frac{\partial v^*}{\partial n}\right];$$

$$\mathfrak{H}_s = \frac{e^{-i\frac{\pi}{4}}}{\sqrt{2}}\,\mathfrak{H}_0\left[\int\limits_{-\infty}^{v} e^{i\frac{\pi}{2}v^2}\,dv + \int\limits_{-\infty}^{v^*} e^{i\frac{\pi}{2}v^2}\,dv\right]$$

$$+\frac{1}{i\,\omega\,\mu}\cdot\frac{e^{-i\frac{\pi}{4}}}{\sqrt{2}}\,\mathfrak{n}\times\mathfrak{E}_{0\parallel}\left[e^{i\frac{\pi}{2}v^2}\frac{\partial v}{\partial n} - e^{i\frac{\pi}{2}v^{*2}}\frac{\partial v^*}{\partial n}\right].$$

Nach Tab. 3 interessieren von $\mathfrak{E}_s$ die Werte in der Öffnung, von $\mathfrak{H}_s$ die auf dem Schirm. Nach Gl. (65) ist in der Öffnung $(\varphi = \pi)$

$$v = -v^* = 2\sqrt{\frac{k\,\xi}{2\,\pi}}\,;\ \frac{\partial v}{\partial n} = \frac{\partial v^*}{\partial n} = -\sqrt{\frac{k}{\pi}\frac{2}{\xi}}\,; \qquad (\text{auf } \ddot{O}) \tag{67a}$$

und auf der Rückseite des Schirmes $(\varphi = 0)$

$$v = v^* = -2\sqrt{\frac{k\,\xi}{2\,\pi}}\,;\ \frac{\partial v}{\partial n} = -\frac{\partial v^*}{\partial n} = \sqrt{\frac{k}{2\pi\xi}}\,; \qquad (\text{auf } S)\,. \tag{67b}$$

Da weiterhin nach den Maxwellschen Gleichungen

$$\mathfrak{E}_0 = -\frac{1}{\varepsilon c}\,\mathfrak{n} \times \mathfrak{H}_0; \qquad \mathfrak{H}_0 = \frac{1}{\mu c}\,\mathfrak{n} \times \mathfrak{E}_0$$

ist (beachte, daß $\mathfrak{n}$ die Fortschreitungsrichtung ist), folgt schließlich

$$\mathfrak{E}_s = \mathfrak{E}_0\,[1 - \Phi\,(k\,\xi)] + \mathfrak{E}_{0\perp}\,\Psi\,(k\,\xi); \tag{68a}$$

$$\mathfrak{H}_s = \mathfrak{H}_0\,\Phi\,(k\,\xi) - \mathfrak{H}_{0\perp}\,\Psi\,(k\,\xi). \tag{68b}$$

Dabei wurden die Funktionssymbole eingeführt

$$\Phi(\zeta) = \frac{2}{\sqrt{\pi}}\,e^{-i\frac{\pi}{4}} \int\limits_{-\infty}^{-\sqrt{\zeta}} e^{i\tau^2}\,d\tau; \qquad \Psi(\zeta) = \frac{e^{i\zeta + i\frac{\pi}{4}}}{\sqrt{\pi\,\zeta}}. \tag{69}$$

Die Funktionen Φ und Ψ fallen beide für große Werte von ζ proportional $\frac{1}{\sqrt{\zeta}}$ ab, sind im übrigen von rasch wechselnder Phase, so daß man merkliche Beiträge zu den Integralen (63) nur aus der Umgebung von $\zeta = 0$ erwarten muß. Man kann sich also bei der Berechnung der Integrale Φ und Ψ auf einen schmalen Randstreifen beschränken, in welchen man angenähert die Verhältnisse der geraden Kante und damit der Sommerfeldschen Halbebene vorfindet; dadurch rechtfertigt sich das Braunbeksche Verfahren.

32. Beugung an der idealleitenden Kreisscheibe nach der Methode von Braunbek

Die in der letzten Ziffer entwickelten Formeln (63) und (68) sollen nunmehr auf die Beugung an der idealleitenden Kreisscheibe angewandt werden. Beschränkt man sich auf Aufpunkte in der Achse der Kreisscheibe, so erhält man einfache geschlossene Ausdrücke. Die Lage des Integrationspunktes P' in der Scheibenebene beschreiben wir durch ebene Polarkoordinaten ϱ und φ, die Lage des Aufpunktes durch den Abstand z vom Scheibenmittelpunkt (Abb. 26). Um $\mathfrak{E}$ und $\mathfrak{H}$ nach (63) für die Achse zu berechnen, genügt es auch die Flächenintegrale nur für einen auf der Achse gelegenen Aufpunkt auszuwerten; denn aus Symmetriegründen muß in einem Achsenpunkt die Ableitung der Flächenintegrale nach jeder anderen als der z-Richtung verschwinden, daher ist

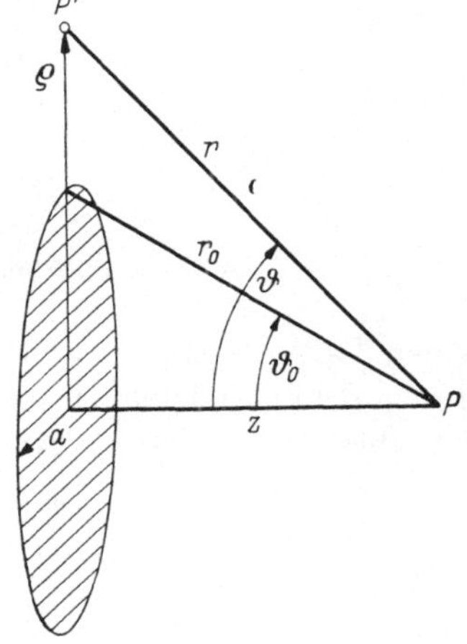

Abb. 26. Beugung an der Kreisscheibe, Aufpunkt auf der Achse

$$\mathrm{rot} \int d\mathfrak{o}' \times \mathfrak{E}_s\,G_0 = \mathfrak{n} \times \frac{\partial}{\partial z} \int d\mathfrak{o}' \times \mathfrak{E}_s\,G_0 = -\frac{\partial}{\partial z} \int \mathfrak{E}_s\,G_0\,do'.$$

Der letzte Schritt folgt daraus, daß $d\mathfrak{o}'$ die Richtung von $\mathfrak{n}$ hat und $\mathfrak{E}_s$ nach (68a) darauf senkrecht steht. do' ist das skalare Linienelement

$$do' = d\varphi\, \varrho\, d\varrho\,. \tag{70}$$

Setzen wir noch (68) in (63) ein, so erhalten wir

$$\mathfrak{E}(\mathfrak{r}) = 2\frac{\partial}{\partial z}\int\limits_{\ddot{O}} do'\,\{\mathfrak{E}_0\,[\Phi\,(k\,\xi) - 1] - \mathfrak{E}_{0\perp}\,\Psi\,(k\,\xi)\}\,G_0\,(\mathfrak{r},\mathfrak{r}'); \tag{71a}$$

$$\mathfrak{H}(\mathfrak{r}) = -\,2\frac{\partial}{\partial z}\int\limits_{\ddot{O}} do'\,\mathfrak{H}_0\,G_0\,(\mathfrak{r},\mathfrak{r}') - \tag{71b}$$

$$-\,2\frac{\partial}{\partial z}\int\limits_{S} do'\{\mathfrak{H}_0\,\Phi\,(k\,\xi) - \mathfrak{H}_{0\perp}\,\Psi\,(k\,\xi)\}\,G_0\,(\mathfrak{r},\mathfrak{r}')\,.$$

Die einzigen Größen des Integranden, die vom Azimutwinkel φ abhängen, sind $\mathfrak{E}_{0\perp}$ und $\mathfrak{H}_{0\perp}$. Der Betrag von $\mathfrak{E}_{0\perp}$ unterscheidet sich von $\mathfrak{E}_0$ um

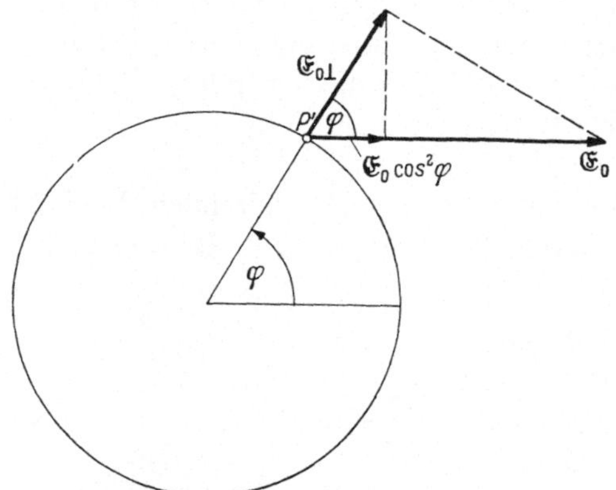

Abb 27. Mittelung über den Beitrag des Primärfeldes

einen Faktor $\cos\varphi$ (s. Abb. 27); aus Symmetriegründen trägt zu dem Integral nur diejenige Komponente von $\mathfrak{E}_{0\perp}$ bei, welche parallel zu $\mathfrak{E}_0$ ist; diese ist $\cos^2\varphi\,\mathfrak{E}_0$. Nun ist aber

$$\int\limits_0^{2\pi} \cos^2\varphi\,d\varphi = \int\limits_0^{2\pi} \frac{1}{2}\,d\varphi\,.$$

Man kann daher in (71a) $\mathfrak{E}_{0\perp}$ durch $\frac{1}{2}\mathfrak{E}_0$ ersetzen, ebenso in (71b) $\mathfrak{H}_{0\perp}$ durch $\frac{1}{2}\mathfrak{H}_0$. Hiernach bleiben nur noch die Oberflächenintegrale über G_0, $G_0\,\Phi$ und $G_0\,\Psi$ auszuführen. Das erste wertet man elementar aus, indem man für ϱ den Abstand $r = \sqrt{\varrho^2 + z^2}$ (s. Abb. 26) als Integrationsvariable einführt:

$$\int_{\ddot{O}} do'\, G_0 = -\frac{1}{2i\,k}\, e^{i k r_0}. \tag{72}$$

Zu den beiden anderen Integralen erwartet man Beiträge nur aus der Umgebung der Kante, setzt daher in (70) für ϱ näherungsweise den Wert a ein, führt sodann $\zeta = k\,\xi = k\,|\varrho - a|$ als Integrationsvariable ein und verlegt die obere Integrationsgrenze nach $\zeta = \infty$. Man erhält dann gleichermaßen für die Öffnung wie für den Schirm

$$\int do' \left[\Phi\,(k\,\xi) - \frac{1}{2}\,\Psi\,(k\,\xi)\right] G_0 = \frac{2\pi\,a}{k} \int_0^\infty d\zeta \left[\Phi(\zeta) - \frac{1}{2}\,\Psi(\zeta)\right] G_0. \tag{73}$$

G_0 hängt jedoch in unterschiedlicher Weise von ζ ab, je nachdem man über die Öffnung oder über die Schirmfläche integriert. In der Umgebung der Kante ist nämlich

$$r \approx r_0 + (\varrho - a)\sin\vartheta_0, \tag{74}$$

also

$$G_0 \approx \frac{e^{i k r_0}}{4\pi\,r_0}\, e^{\pm i \zeta \sin\vartheta_0}. \tag{75}$$

Hierin gilt das obere Vorzeichen für die Öffnung, das untere für den Schirm. Führt man dies in (73) ein und berücksichtigt, daß $a = r_0 \sin\vartheta_0$ ist, so folgt

$$\int do' \left[\Phi\,(k\,\zeta) - \frac{1}{2}\,\Psi\,(k\,\zeta)\right] G_0 =$$

$$= \frac{e^{i k r_0}\sin\vartheta_0}{2k} \int_0^\infty d\zeta \left[\Phi(\zeta) - \frac{1}{2}\,\Psi(\zeta)\right] e^{\pm i \zeta \sin\vartheta_0}. \tag{76}$$

Nach (69) ist

$$\int_0^\infty d\zeta\; \Psi(\zeta)\, e^{\pm i \zeta \sin\vartheta_0} = \frac{i}{\sqrt{1 \pm \sin\vartheta_0}}. \tag{77}$$

Das Integral über Φ läßt sich auf ein ähnliches Integral über Ψ zurückführen, da, wie man sofort nachrechnet

$$\frac{\partial}{\partial\beta}\Phi\,(\beta\,\zeta) = i\,\zeta\,\Psi\,(\beta\,\zeta). \tag{78}$$

Man hat

$$\int_0^\infty d\zeta\; i\,\zeta\,\Psi\,(\beta\,\zeta)\, e^{\pm i \zeta \sin\vartheta_0} = -\frac{i}{2\sqrt{\beta\,(\beta \pm \sin\vartheta_0)^3}}. \tag{79}$$

Hieraus folgt wegen (78)

$$\int_0^\infty d\zeta\,\Phi(\zeta)\, e^{\pm i \xi \sin\vartheta_0} = \frac{i}{2}\int_1^\infty d\beta\, \frac{1}{\sqrt{\beta\,(\beta \pm \sin\vartheta_0)^3}}.$$

Das unbestimmte Integral des Integranden ist

$$\pm \frac{2}{\sin \vartheta_0} \sqrt{\frac{\beta}{\beta \pm \sin \vartheta_0}}\,.$$

So ergibt sich schließlich

$$\int_0^\infty d\zeta\, \Phi(\zeta)\, e^{\pm i\zeta \sin\vartheta_0} = \mp \frac{i}{\sin\vartheta_0}\left[\frac{1}{\sqrt{1 \pm \sin\vartheta_0}} - 1\right]. \qquad (80)$$

Führt man (77) und (80) in Gl. (76) ein, so erhält man

$$\int do' \left[\Phi\,(k\,\xi) - \frac{1}{2}\,\Psi\,(k\,\xi)\right] G_0 = \frac{e^{i k r_0}}{2 i k}\left[\mp 1 + \frac{\pm 1 + \frac{1}{2}\sin\vartheta_0}{\sqrt{1 \pm \sin\vartheta_0}}\right]. \qquad (81)$$

Gehen wir nun mit dem Ergebnis (81) und (72) in das Gleichungspaar (71) ein, so erhalten wir

$$\mathfrak{E}(\mathfrak{r}) = \mathfrak{E}_0(0)\,\frac{\partial}{\partial z}\,\frac{e^{i k r_0}}{2 i k}\,\frac{2 + \sin\vartheta_0}{\sqrt{1 + \sin\vartheta_0}}$$

$$\mathfrak{H}(\mathfrak{r}) = \mathfrak{H}_0(0)\,\frac{\partial}{\partial z}\,\frac{e^{i k r_0}}{2 i k}\,\frac{2 - \sin\vartheta_0}{\sqrt{1 - \sin\vartheta_0}}\,.$$

Das Glied höchster Ordnung in $k\,r_0$ ergibt sich hieraus durch Differentiation nach dem Exponenten; wegen $\frac{\partial r_0}{\partial z} = \cos\vartheta_0$ folgt

$$\mathfrak{E}(\mathfrak{r}) = \mathfrak{E}(0)\sqrt{1 - \sin\vartheta_0}\left(1 + \frac{\sin\vartheta_0}{2}\right) e^{i k r_0}\,; \qquad (82\text{a})$$

$$\mathfrak{H}(\mathfrak{r}) = \mathfrak{H}_0(0)\sqrt{1 + \sin\vartheta_0}\left(1 - \frac{\sin\vartheta_0}{2}\right) e^{i k r_0}\,. \qquad (82\text{b})$$

Die Kirchhoffsche Näherung, welche wir aus (71) dadurch erhalten können, daß wir die Glieder mit Φ und Ψ weglassen, liefert für $\mathfrak{E}$ wie für $\mathfrak{H}$ an Stelle der Winkelfaktoren von Gl. (82) den Faktor $\cos\vartheta_0$. Man hat aber zu bedenken, daß die beiden Formeln zwei verschiedenen Kirchhoffschen Approximationen entsprechen, bei deren einer die Kirchhoffschen Randwerte für $\mathfrak{E}$, bei der anderen die für $\mathfrak{H}$ vorgegeben werden, während die Randwerte der anderen von den Kirchhoffschen stark abweichen. Bei der Braunbekschen Näherung ist dies nicht der Fall. Hiervon wollen wir uns noch überzeugen. Zu diesem Zweck rechnen wir $\mathfrak{H}$ mittels der Maxwellschen Gleichungen aus (63a) und $\mathfrak{E}$ aus (63b) aus:

$$\mathfrak{H}(\mathfrak{r}) = +\frac{2}{i\,\omega\,\mu}\,\text{rot rot}\int_{\ddot{O}} d\mathfrak{o}' \times \{\mathfrak{E}_0\,(1 - \Phi) + \mathfrak{E}_{0\perp}\,\Psi\}\,G_0; \qquad (83\text{a})$$

$$(83\text{b})$$

$$\mathfrak{E}(\mathfrak{r}) = -\frac{2}{i\,\omega\,\varepsilon}\,\text{rot rot}\{\int_{\ddot{O}} d\mathfrak{o}' \times \mathfrak{H}_0\,G_0 + \int_S d\mathfrak{o}' \times (\mathfrak{H}_0\,\Phi - \mathfrak{H}_{0\perp}\,\Psi)\}\,G_0\,.$$

Hiervon suchen wir nur die Glieder höchster Ordnung in k auf, welche durch Differentiation nach dem Exponenten von G_0 entstehen:

$$\mathfrak{H}(\mathfrak{r}) = -\frac{2k^2}{i\omega\mu}\int\limits_{\ddot{O}}\frac{\mathfrak{r}-\mathfrak{r}'}{r}\times\left\{\frac{\mathfrak{r}-\mathfrak{r}'}{r}\times[d\mathfrak{o}'\times(\mathfrak{E}_0(1-\Phi)+\mathfrak{E}_{0\perp}\Psi)]\right\}G_0, \tag{84a}$$

$$\mathfrak{E}(\mathfrak{r}) = \frac{2k^2}{i\omega\varepsilon}\int\limits_{\ddot{O}}\frac{\mathfrak{r}-\mathfrak{r}'}{r}\times\left[\frac{\mathfrak{r}-\mathfrak{r}'}{r}\times(d\mathfrak{o}'\times\mathfrak{H}_0)\right]G_0 + \frac{2k^2}{i\omega\varepsilon}\int\limits_{S}\frac{\mathfrak{r}-\mathfrak{r}'}{r}\times \tag{84b}$$

$$\times\left\{\frac{\mathfrak{r}-\mathfrak{r}'}{r}\times[d\mathfrak{o}'\times(\mathfrak{H}_0\Phi-\mathfrak{H}_{0\perp}\Psi)]\right\}G_0.$$

Durch Auflösung der mehrfachen Vektorprodukte und Mittelung über den Winkel φ entsteht hieraus:

$$\mathfrak{H}(\mathfrak{r}) = \frac{2k^2}{i\omega\mu}\mathfrak{n}\times\mathfrak{E}_0\int\limits_{\ddot{O}}do'\left[\left(1-\frac{\sin^2\vartheta}{2}\right)(1-\Phi)G_0+\frac{1}{2}\Psi G_0\right]; \tag{85a}$$

$$\mathfrak{E}(\mathfrak{r}) = -\frac{2k^2}{i\omega\varepsilon}\mathfrak{n}\times\mathfrak{H}_0$$

$$\cdot\left\{\int\limits_{\ddot{O}}do'\left(1-\frac{\sin^2\vartheta}{2}\right)G_0+\int\limits_{S}do'\left[\left(1-\frac{\sin^2\vartheta}{2}\right)\Phi-\frac{1}{2}\Psi\right]\right\}G_0. \tag{85b}$$

Die Abweichung des Wertes $\sin^2\vartheta$ von dem Werte $\sin^2\vartheta_0$ am Rande der Öffnung ergibt nur Glieder niedrigerer Ordnung in k; setzt man für ϑ den Wert ϑ_0 ein und benützt Gl. (72), (77) und (80), so wird man auf (82a, b) zurückgeführt. — Wie Bouwkamp [1954] festgestellt hat, ist es für einen Aufpunkt in der Nähe der Scheibenmitte bei Auswertung der Integrale über Φ und Ψ nicht zulässig, den Beitrag von der Schirmmitte zu vernachlässigen. Doch würde es umgekehrt den Gültigkeitsbereich der Braunbekschen Näherung überschreiten, wollte man die von Braunbek nur für einen Randstreifen gedachte Sommerfeldsche Korrektur bis in den Mittelpunkt der Scheibe hinein ernst nehmen. Man geht daher am besten von der Gestalt (63a) des Braunbekschen Ansatzes aus, in welchem nur über die Öffnung integriert wird. — Doch führt, wie wir gesehen haben, auch die andere Formel zu demselben Resultat, wenn man den Beitrag der Scheibenmitte nicht in Rechnung setzt. Wie Braunbek [1954] nachgewiesen hat, verfälscht der Beitrag der Scheibenmitte das Resultat in einem Gebiet um den Scheibenmittelpunkt herum, dessen Ausdehnung mit $ka \to \infty$ nach 0 strebt.

Geht man zur Kirchhoffschen Näherung über, indem man in (85) ebenso wie in (71) die Glieder mit Φ und Ψ streicht, so gelangt man in den Fällen a und b zu durchaus verschiedenen Resultaten, nämlich zu einer ersten Kirchhoffschen Näherung:

$$\mathfrak{E}_k = \mathfrak{E}_0 \cos \vartheta_0; \quad \mathfrak{H}_k = \mathfrak{H}_0 \frac{1 + \cos^2 \vartheta_0}{2}; \tag{86a}$$

und zu einer zweiten Kirchhoffschen Näherung:

$$\mathfrak{E}_k = \mathfrak{E}_0 \frac{1 + \cos^2 \vartheta_0}{2}; \quad \mathfrak{H}_k = \mathfrak{H}_0 \cos \vartheta_0. \tag{86b}$$

Die erste Näherung setzt auf dem Schirm die richtigen Randwerte für $\mathfrak{E}$ voraus und ist deshalb in der Umgebung des Schirms besser als die zweite; umgekehrt nimmt die zweite Lösung in der Öffnung die richtigen

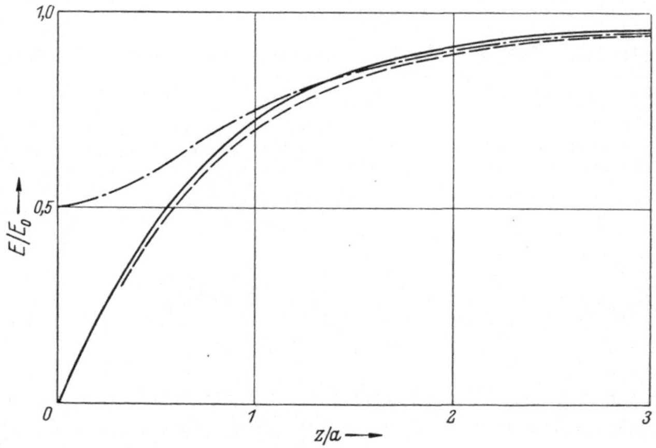

Abb. 28. Elektrisches Feld auf der Achse der beugenden Kreisscheibe nach Braunbek ———— ; Kirchhoff 1 — — — —, 2 — · — · —

Werte für $\mathfrak{H}$ an und ist dort der ersten vorzuziehen. Die Feldstärken auf der Achse für die Braunbeksche und die beiden Kirchhoffschen Näherungen zeigt Abb. 28 und 29. Die ausgezogenen Kurven der Braunbekschen Näherung sind die exakte Lösung für den Limes $k\,a \to \infty$. Nach der ersten Kirchhoffschen Näherung weicht die elektrische Feldstärke auf der Achse nur wenig hiervon ab (gestrichelt), die magnetische etwas mehr. Die zweite Kirchhoffsche Näherung dagegen erweist sich als völlig falsch (strichpunktiert). Würden wir den Aufpunkt anstatt auf der Achse in der Nähe der Schirmöffnung wählen, so würde dort die zweite Kirchhoffsche Näherung die Verhältnisse besser darstellen. — Ein Kompromiß zwischen den beiden Kirchhoffschen Lösungen erhält man, wenn man in Gl. (27) die Kirchhoffschen Randwerte für $\mathfrak{E}$ und $\mathfrak{H}$ einbringt. Man gelangt dann zu dem arithmetischen Mittel der ersten und der zweiten Lösung und macht damit sowohl am Schirm als in der Öffnung einen Fehler, welcher etwa halb so groß ist, wie der Fehler der jeweils schlechteren der beiden Lösungen (86a) und (86b). Diese ursprüngliche Kirchhoffsche Lösung, welche weder auf die Randbedingungen am Schirm noch auf die dazu korrespondierende Bedingung in der Öffnung Rücksicht nimmt, bezeichnet man gewöhnlich als Beugung am „schwarzen" Schirm.

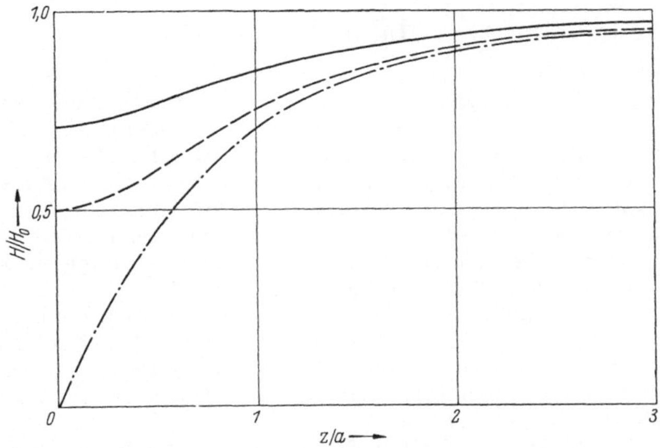

Abb. 29. Magnetisches Feld zu Abb. 28

Während die Kirchhoffschen Näherungen überhaupt keine konsequente Approximation sind, liefert das Braunbeksche Verfahren die konsequente Näherung für den Limes Objektabmessung/Wellenlänge groß. Will man genauer rechnen, so bedient man sich am besten einer Integralgleichungsmethode (für akustische Wellen durchgeführt von Levine [1955]), sofern man nicht von der strengen Lösung ausgeht [Andrejewski 1953].

Literatur

Aden, A. L.: Electromagnetic scattering from spheres with sizes comparable to wavelength. J. appl. Phys. **22**, 601–605 (1951). — Microwave reflection from water spheres. Amer. J. Phys. **19**, 163–167 (1951). — and M. Kerker, Scattering of electromagnetic waves from two concentric spheres. J. appl. Phys. **22**, 1242–1246 (1951).

Andrejewski, W.: Die Beugung elektromagnetischer Wellen an der leitenden Kreisscheibe und an der kreisförmigen Öffnung im leitenden Schirm. Z. angew. Phys. **5**, 178–186 (1953).

Andrews, C. L.: Diffrection pattern of microwaves near rods. J. appl. Phys. **22**, 465–468 (1951). — Diffraction pattern of a circular aperture at short distances. Phys. Rev. **71**, 777–786 (1947). — Diffraction patterns in a circular aperture measured in the microwave region. J. appl. Phys. **21**, 761–767 (1950).

Artmann, K.: Beugung polarisierten Lichtes an Blenden endlicher Dicke im Gebiet der Schattengrenze. Z. Phys. **127**, 468–494 (1950).

Baker, B. B. and E. T. Copson: The Mathematical Theory of Huygen's Principle. 2. Aufl. Oxford: Univ. Press 1950. (1. Aufl. 1939).

Balazs, N. L.: Wave propagation in even and add dimensional spaces. Proc. Phys. Soc. London, Sect. A **68**, 521–524 (1955).

Baldwin, G. L. and A. E. Heins: On the diffraction of a plane wave by an infinite plane grating. Math. Scand. **2**, 103–118 (1954).

Bardeen, J.: The diffraction of a circularly symmetrical electromagnetic wave by a co-axial circular disc of infinite conductivity. Phys. Rev. **36**, 1482–1488 (1930).

de Bary, E.: Lichtstreuung an dielektrischen Kugeln von Brechungsexponenten $n = 4/3$. Optik **9**, 319–322 (1952).

Beckmann, P.: Über die Greensche Funktion für die Beugung an Zylindern endlicher Leitfähigkeit. Diplomarbeit Münster 1956.

Bekefi, G.: Diffraction of electromagnetic waves by an aperture in an infinite screen. J. appl. Phys. **23**, 1403 (1952). — Diffraction of Electromagnetic Waves by an Aperture in a Large Screen. J. appl. Phys. **24**, 1123–1130 (1953). Bemerkung dazu: J. H. Crysdale, J. appl. Phys. **25**, 269–270 (1954). Erwiderung: J. appl. Phys. **25**, 808 (1954).

Bender, H.: Beugungserscheinungen an einer Blende mit verlaufendem Rand. Optik **11**, 244–248 (1954).

Bennet, H. S.: The electromagnetic transmission characteristics of the two-dimensional lattice medium. J. appl. Phys. **24**, 785–810 (1953).

Bethe, H. A.: Theory of diffraction by small holes. Phys. Rev. **66**, 163–182 (1944).

Bhatia, A. B. and W. J. Noble: Diffraction of light by ultrasonic waves I. Proc. Roy. Soc. London, Ser. A **220**, 356–368 (1953).

Blatt, J. M. and V. F. Weisskopf: Theoretical nuclear physics. New York: John Wiley and Sons. Inc. 1952.

Blumer, H.: Strahlungsdiagramme kleiner dielektrischer Kugeln I u. II. Z. Phys. **32**, 119–134 (1925); **38**, 304–328 (1926).

Borgnis, F. E. und Ch. H. Papas: Randwertprobleme der Mikrowellenphysik. Berlin-Göttingen-Heidelberg: Springer-Verlag 1955.

Bouwkamp, C. J.: Theoretische en numerieke behandeling van de buiging door een ronde opening. Dissertation Groningen 1941. — A note on singularities occuring at sharp edges in electromagnetic diffraction theory. Physica **12**, 467–474 (1946). — Diffraction Theory. Rep. Progress Phys. **17**, 35–100 (1954) (Ausgezeichneter kritischer Überblick über die moderne Literatur). — On integrals occuring in the theory of diffraction of electromagnetic waves by a circular disc. Proc. Amsterdam **53**, 654–661 (1950). — u. H. G. B. Casimir: On Multipole Expansions in the Theory of Electromagnetic Radiation. Physica **20**, 539–554 (1954).

Bramley, E. N.: The diffraction of waves by an irregular refracting medium. Proc. Roy. Soc. London, Ser. A **225**, 515–518 (1954).

Braunbek, W.: Lichtbeugung an statistischen Ringplatten. Z. Naturforsch. **49**, 509–515 (1949). — Energieströmung im Nahfeld einer beugenden Kante. Ann. der Physik **6**, 53–58 (1949). — Neue Näherungsmethode für die Beugung am ebenen Schirm. Z. Phys. **127**, 381–390 (1950); **138**, 80–88 (1954). — Zur Beugung an der Kreisscheibe. Z. Phys. **127**, 405–415 (1950). — und G. Laukien: Einzelheiten zur Halbebenen-Beugung. Optik **9**, 174–179 (1952).

Bremmer, H.: Terrestrial Radio Waves. Amsterdam: Elsevier 1949.

Brillouin, L.: The scattering cross section of spheres for electromagnetic waves. J. appl. Phys. **20**, 1110–1125 (1949).

Brodin, J.: Cas singulière du problème de Huyghens. C. r. Acad. Sci., Paris **230**, 1345—1347 (1950).

Broer, L. G. F.: On the propagation of energy in linear conservative waves. Appl. sci. Research, A **2**, 329–344 (1951).

de Broglie, L.: Problèmes de propagations guidées des ondes électromagnètiques. Paris: Gauthier-Villars 1951.

Bucerius, H.: Theorie des Regenbogens und der Glorie. Optik **1**, 188–212 (1946).

Buchholz, H.: Die axialsymmetrische elektromagnetische Strahlung zwischen konfokalen Drehparabeln bei verschiedenen Anregungsarten. Ann. der Physik **2**, 185–210 (1948). — Integral- und Reihendarstellungen die verschiedenen Wellentypen der mathematischen Physik in den für Koordinaten des Rotationsparaboloids. Z. Phys. **124**, 196–218 (1948). — Die konfluente hypergeometrische Funktion. (Ergebnisse der angewandten Mathematik, Heft 2). Berlin-Göttingen-Heidelberg: Springer-Verlag 1953.

Buchsbaum, S. J., A. R. Milne, D. C. Hogg, G. Bekefi and G. A. Woonton: Microwave diffraction by apertures of various shapes. J. appl. Phys. **26**, 706–715 (1955).

Burkhardt, H.: Experimentelle Untersuchungen der Fresnelschen Beugungserscheinungen am Spalt. S.-Ber. math.-naturw. Kl. Bayer. Akad. Wiss. München, **64**, 1–26 (1954).

Chambers, G.: Diffraction by a Half-Plane. Proc. Edinbourgh math. Soc. **10**, 92–99 (1954).

Cheney, M. and R. B. Watson: On the diffraction of electromagnetic waves by two conducting parallel half-planes. J. appl. Phys. **22**, 675–679 (1951).

Clemmow, P. C.: A note on the diffraction of a cylindrical wave by a perfectly conducting half-plane. Quart. J. Mech. appl. Math. **3**, 377–384 (1950). — A Method for the exact solution of a class of two-dimensional diffraction problems. Proc. Roy. Soc. London, Ser. A **205**, 286–308 (1951).

Conen, M. H.: Electromagnetic Scattering by Dielectric Bodies. Phys. Review **95**, 675 (1954).

Copson, E. T.: An integral-equation method of solving plane diffraction problems. Proc. Roy. Soc. London, Ser. A **186**, 100–118 (1946). — Diffraction by a plane screen. Proc. Roy. Soc. London, Ser. A **202**, 277–284 (1950).

Crozé, F.: Sur le principe d'Huygens. Ann de Physique **5**, 371–439 (1926). — et P. Bouillet, Sur les expressions du Principe der Huygens pour les ondes électromagnétiques. C. r. Acad. Sci., Paris **228**, 305–307 (1949). — et G. Darmois: Réduction à l'unité des expressions du Principe de Huygens . . . électromagnétique. C. r. Acad. Sci., Paris **228**, 824–826 (1949). — et E. Durand: Sur les expressions du Principe de Huygens pour les ondes électromagnétiques. C. r. Acad. Sci., Paris **228**, 236–239 (1949).

Cutler, C. C.: Electromagnetic waves guided by corrugated surfaces. Bell Lab. Rep. No MM–44–160–218 (1944).

Debye, P.: Das elektromagnetische Feld um einen Zylinder und die Theorie des Regenbogens. Phys. Z. Jahrg. **9**, 775–778 (1908).

Deppermann, K. und W. Franz: Theorie der Beugung an der Kugel unter Berücksichtigung der Kriechwelle. Ann. der Physik **14**, 253–264 (1954).

Eberlein, W. F.: Characteristic values of spheroidal wave functions. Phys. Rev. **74**, 190–191 (1948).

Ehrlich, M. J., S. Silver and G. Held: Studies of the diffraction of electromagnetic waves by circular apertures and complementary obstacles: the near-zone field. J. appl. Phys. **26**, 336–345 (1955).

Elliot, R. S.: Azimuthal surface waves on circular cylinders. J. appl. Phys. **26**, 368–376 (1955) .

Elsässer, H.: Lichtstreuung an einem Gemisch von dielektrischen Kugeln. Z. Astrophys. **34**, 50–67 (1954).

Elsasser, W. M.: Boundary value problems of transverse waves. Phys. Review **81**, 654 (1951).

Faust, R. C.: Fresnel diffraction at a transparent lamina. Proc. Phys. Soc. London, Sect. B **64**, 105–113 (1951).

Felsen, L. B.: Backscattering from wide-angle and narrow-angle cones. J. appl. Phys. **26**, 138–151 (1955).

Ferrari, I.: Multipoli e onde di Schelkunoff. Il caso generale. Atti Acad. Lincei, Rend. **18**, 623–630 (1950).

Flammer, C.: Vector Wave Function Solution of the Diffraction of Electromagnetic Waves by Circular Disks and apertures. I. Oblate Spheroidal Vector Waves Functions, II. The Diffraction Problems. J. appl. Phys. **24**, 1218–1223; 1224–1231 (1953).

Fock, V.: Diffraction of radio waves around the earth's surface. J. of Phys. **9**, 255–266 (1945). — The distribution of currents induced by a plane wave on the surface of a conductor. J. of Phys. **10**, 130–136 (1946). — The field of a plane wave near the surface of a conducting body. J. of Phys. **10**, 399–409 (1946). — New methods in diffraction theory. Philos. Mag. **39**, 149–155 (1948). — Fresnel Diffraction from Convex Bodies. Uspekhi Fisicheskikh Nauk, **43**, 587ff. (1951).

Foix, M. A.: Sur la plus simple solution, en coordonnées polaires, des équations de Maxwell, et ses applications aux formules de la réfraction vitreuse dans les lentilles et aussi sur le principe de Huygens. J. Phys. Radium **13**, 445–450 (1952).

v. Fragstein, C.: Über die Gültigkeit des Sommerfeld-Pfrangschen Reziprozitätstheorems in absorbierenden Medien. Optik **11**, 301–311 (1954).

Franz, W.: Zur Formulierung des Huygensschen Prinzips. Z. Naturforsch. **3a**, 500–506 (1948). — Zur Theorie der Beugung. Z. Phys. **125**, 563–596 (1949). — Durchlässigkeit von Drahtgittern für elektrische Wellen. Z. angew. Phys. **1**, 416–423 (1949). — On the Theory of Diffraction. Proc. Phys. Soc. London, Sect. A **63**, 925–939 (1950). — Zur Theorie der Beugung am Schirm. Z. Phys. **128**, 432–441 (1950). — Multipolstrahlung als Eigenwertproblem. Z. Phys. **127**, 363–370 (1950). — Über die Greenschen Funktionen des Zylinders und der Kugel. Z. Naturforsch. **9a**, 705–716 (1954). — Theorie des Trentinischen Absorptionsgitters. Z. angew. Phys. **6**, 449–456 (1954). — Einfache Herleitung der allgemeinen Kirchhoffschen Beugungsformel und ihres elektromagnetischen Analogons. Z. angew. Math. Mech. **32**, 26–27 (1952). — und P. Beckmann: Creeping waves for objects of finite conductivity. IRE, Trans. **AP-4**, 203—208 (1956). — und K. Deppermann: Theorie der Beugung am Zylinder unter Berücksichtigung der Kriechwelle. Ann. der Physik. **10**, 361–373 (1952). — und R. Galle: Semiasymptotische Reihen für die Beugung einer ebenen Welle am Zylinder. Z. Naturforsch. **10a**, 374–378 (1955).

French, J. B. u. Y. Shimamoto: Theory of Multipole Radiation. Phys. Review **91**, 898–899 (1953).

Godfrey, G. H.: Optical diffraction effects produced by amplitude and phase changes in the wave front. Aust. J. Phys. **7**, 389–399 (1955).

Granemann, W. W., C. W. Horton and R. B. Watson: Diffraction of electromagnetic waves by metallic wedge of acute dihedral angle. Phys. Review **94**, 812 (1954). — and R. B. Watson: Diffraction of electromagnetic waves by a metallic wedge of acute dihedral angle. J. appl. Phys. **26**, 392—393 (1955).

Green, H. S. and E. Wolf: A Scalar Representation of Electromagnetic Fields. Proc. Phys. Soc. London, Sect. A **66**, 1129–1137 (1953).

Groschwitz, E. und H. Hönl: Die Beugung elektromagnetischer Wellen am Spalt, I. Z. Phys. **131**, 305–319 (1952) (II s. Hönl!).

Groves, W. E.: Transmission of electromagnetic waves through pairs of parallel wire grids. J. appl. Phys. **24**, 845–854 (1953).

Gumprecht, R. O. and C. M. Sliepcevich: Tables of scattering functions for spherical particles. Ann. Arbor: Engineering Research Institute, University of Michigan 1951.

Gupta, N. N.: The problem of Fraunhofer scattering by an optically continuous transparent and three-dimensional screen and its possible applications. Proc. nat. Inst. Sci. India **19**, 511–517 (1953).

Harrington, R. F.: Current element near the edge of a conducting halfplane. J. appl. Phys. **24**, 547–550 (1953). — Propagation along a slotted cylindre. J. appl. Phys. **24**, 1366–1371 (1953).

Hart, R. W. and E. W. Montroll: On the scattering of plane waves by soft obstacles. I. Sperical obstacles; II. Scattering by cylinders, spheroids, discs. J. appl. Phys. **22**, 376–386; 1278–1289 (1951).

Hartnagel, W. und E. Kappler: Polarisationserscheinungen bei der Beugung am Spalt. Z. Naturforsch. **4a**, 498–506 (1949).

Heins, A. E. and S. Silver: The edge conditions and field representation theorems in the theory of electromagnetic diffraction. Proc. Cambridge philos. Soc. **51**, 149–161 (1955).

Heinze, D. und Chr. Schmelzer: Dämpfungserscheinungen eines tiefen Metallspaltes, I. Messungen, II. Strenge Theorie mit endl. Leitfähigkeit. Z. Phys. **142**, 133–144; 145–160 (1955).

Hirshfeld, J. L. and C. M. Zieman: Measurement of microwave diffraction from a long slit in a thin conducting plane. J. appl. Phys. **26**, 135–137 (1955).

Höller, P.: Zur Ausbreitung elektromagnetischer Wellen von Land nach See und umgekehrt. Z. angew. Phys. **3**, 424–432 (1951).

Hönl, H.: Eine strenge Formulierung eines klassischen Beugungsproblems. Z. Phys. **131**, 290–304 (1952). — und E. Zimmer: Intensität und Polarisation bei der Bewegung elektromagnetischer Wellen am Spalt, II. Z. Phys. **135**, 196–218 (1953) (I. s. Groschwitz).

Hogg, D. C.: The electromagnetic field in the plane of a circular aperture due to incident spherical waves. J. appl. Phys. **24**, 110/1 (1953).

Holl, H.: Lichtstreuung an dielektrischen Kugeln vom Brechungsexponenten $n = 4/3$. Optik **1**, 213–226 (1946); **4**, 173–193 (1948).

Honerjäger, R.: Über die Beugung elektromagnetischer Wellen an einem Drahtgitter. Ann. der Physik **4**, 25–45 (1948).

de Hoop, A. T.: On the scalar diffraction by a circular aperture in an infinite plane screen. Appl. sci. Research, B **4**, 151–160 (1954). — Variational Formulation of Two-Dimensional Diffraction Problems with Application to Diffraction by a Slit. Proc. Nederl. Akad. Wet B **58**, 401–411 (1955). — On Integrals Occuring in the Variational Formulation of Diffraction Problems. Proc. Nederl. Akad. Wet B **58**, 325–330 (1955).

Hopkins, H. H.: On the Diffraction Theory of Optical Images. Proc. Roy. Soc. London, Ser. A **217**, 408–432 (1953).

Horiuchi, K.: Surface wave propagation over coated conduction with small cylindrical curvature in direction of havel. J. appl. Phys. **24**, 961–962 (1950).

Horton, C. W.: On the diffraction of a plane wave by a semi-infinite conducting sheet. Phys. Review **75**, 1263 (1949). — and F. C. Karal jr.: On the diffraction of a plane electromagnetic wave by a paraboloid of revolution. J. appl. Phys. **22**, 575–581 (1951). — and R. B. Watson: On the diffraction of radar waves by a semi-infinite conducting screen. J. appl. Phys. **21**, 16–21 (1950).

Houghton, H. G. and W. R. Chalker: The scattering cross section of water drops in air for light. J. opt. Soc. Amer. **39**, 955–957 (1949).

Houston, R. E. and R. H. Noble: Edge Effects in a circular aperture. J. appl. Phys. **22**, 1295 (1951).

Huang, C., R. D. Kodis and H. Levine: Diffraction by apertures. J. appl. Phys. **26**, 151–165 (1955).

Hufford, G. A.: A note on wave propagation through an inhomogeneous medium. J. appl. Phys. **24**, 267–271 (1953).

Hulthen, E.: Refraction gratings. Ark. Fys. **2**, 439–441 (1950).

v. Ignatowski, I.: Diffraktion und Reflexion, abgeleitet aus den Maxwellschen Gleichungen. Ann. der Physik **23**, 875–906 (1907); **25**, 99–117 (1908).

Imai, I.: Die Beugung elektromagnetischer Wellen an einem Kreiszylinder. Z. Phys. **137**, 31–48 (1954). — A Refinement of the WKB Method and its Application to the Electromagnetic Wave Theory. Univ. Tokyo, Japan 1955.

Jessel, M.: Sur une méthode générale d'approximation pour résoudre les problèmes de diffraction. C. r. Acad. Sci., Paris **239**, 753–756 (1954). — Une formulation analytique du principe de Huygens. C. r. Acad. Sci., Paris **239**, 1599–1601 (1954).

Jones, D. S.: The behaviour of the intensity due to a surface distribution of charge near an edge. Proc. London math. Soc. **2**, 440–454 (1952). — Removal of an inconsistency in the theory of diffraction. Proc. Cambridge philos. Soc. **48**, 733–741 (1952). — A simplifying technique in the solution of a class of diffraction problems. Quart. J. Math., Oxford **3**, 189–196 (1952). — Diffraction by a thick semi-infinite plate. Proc. Roy. Soc. London, Ser. A **217**, 153–175 (1953). — On the scattering cross section of an obstacle. Philos. Mag. **46**, 957–962 (1955).

van Kampen, N. G.: An asymptotic treatment of diffraction problems. Physica **14**, 575–590 (1948); **16**, 817–821 (1950).

Kato, T.: Note on Schwingers variational method. Progress theor. Phys. **6**, 295–305 (1951). — Upper and lower bounds of scattering phases. Progress theor. Phys. **6**, 394–407 (1951).

Keller, H. B. and J. B. Keller: Reflection and transmission of electromagnetic waves by a spherical shell. J. appl. Phys. **20**, 393–396 (1949).

Keller, J. B.: Reflection and transmission of electromagnetic waves by thin curved shells. J. appl. Phys. **21**, 896–901 (1950). — Diffraction of a Shock or an Electromagnetic Pulse by a Right-Angled Wedge. J. appl. Phys. **23**, 1267/68 (1954). — Diffraction by a convex cylinder, IRE Trans. **AP-4**, 312–321 (1956).

Kline, M.: An Asymptotic Solution of Maxwell's Equations. Commun. pure appl. Math. **4**, 225–262 (1951). — Asymptotic Solutions of Maxwell's Equations Involving Fractional Powers of the Frequency. Commun. pure appl. Math. **8**, 595–614 (1955).

Kodis, R. D.: Diffraction measurements at 1,25 centimeters. J. appl. Phys. **23**, 249–255 (1952).

Kottler, F.: Zur Theorie der Beugung an schwarzen Schirmen. Ann. Phys. **70**, 405–456 (1923). — Elektromagnetische Theorie der Beugung an schwarzen Schirmen. Ann. der Physik **71**, 457–508 (1923).

Labrum, N. R.: Some experiments on centimeter-wavelength scattering by small obstacles. J. appl. Phys. **23**, 1320–1323 (1953).

Lagally-Franz: Vorlesungen über Vektorrechnung. 5. Aufl. Leipzig: Akademische Verlagsgesellschaft 1956.

Lander, R. L. and C. E. Nielsen: Scattering of light from small drops. Rev. sci. Instr. **24**, 20–22 (1953).

Larmor, J.: Der mathematische Ausdruck des Huygensschen Prinzips. Proc. London math. Soc. **1**, 1–13 (1903).

Ledinegg, E.: Über Rand- und Sprungwertprobleme der Maxwellschen Gleichungen. S.-Ber. Akad. Wiss. Wien **156**, 417–440 (1948). — und P. Urban: Zum ersten Randwertproblem der Maxwellschen Gleichungen. Ann. der Physik **10**, 349–360 (1952).

Leontowich, M. and V. Fock: Solution of the problem of propagation of electromagnetic waves along the earth's surface by the method of parabolic equation. J. of Phys. **10**, 13–24 (1946).

Levine, H.: Diffraction by a circular aperture at high frequencies. New York Univ., Math. Res. Group Res. Rep. EM–84 (1955). — Diffraction by a Circular Aperture at high Frequencies. Stanford. Univ., Appl. Math. and Stat. Lab., Tech. Rep. No. 51 (1956). — and J. Schwinger: On the transmission coefficient of a circular aperture. Phys. Review **75**, 1608–1609 (1949). — and J. Schwinger: On the Theory of Diffraction by an Aperture in an Infinite plane Screen. Phys. Review **74**, 958–974 (1948); **75**, 1423–1432 (1949).

Lewin, L.: Diffraction of electromagnetic waves by an aperture in a large screen. J. appl. Phys. **25**, 1053 (1954).

Lewis, E. A. and J. P. Casey: Electromagnetic reflection and transmission by gratings of resistive wires. J. appl. Phys. **23**, 605–608 (1952).

Linfoot, E. H. and E. Wolf: Diffraction Images in Systems with an Annular Aperture, Proc. Phys. Soc. London, Sect. B **66**, 145–149 (1953).

Love, A. E. H.: The integration of the equations of propagation of electric waves. Philos. Trans. roy. Soc. London **197**, 1–45 (1901).

Lowan, A. N., P. M. Morse, H. Feshbach and M. Lax: Scattering and radiation from circular cylinders and spheres. U. S. Navy Dpt. 1946.

Lucke, W. S.: Electric dipoles in the presence of elliptic and circular cylinders. J. appl. Phys. **22**, 14–19 (1951).

Luneberg, R. K.: Mathematical Theory of Optics. Providence: Brown University, 1944.

Macdonald, H. M.: Zur Integration der Gleichungen für die Fortpflanzung elektrischer Wellen. Proc. London math. Soc. **10**, 91–95 (1911).

Magnus, W.: Über die Beugung elektromagnetischer Wellen an einer Halbebene. Z. Phys. **117**, 168–179 (1941). — Zur Theorie der zylindrisch-parabolischen Spiegel. Z. Phys. **118**, 343–356 (1941). — Infinite Matrices Associated with Diffraction by an Aperture. Quart. appl. Math. **11**, 77–86 (1953). — und F. Oberhettinger: Formeln und Sätze für die speziellen Funktionen der mathematischen Physik. 2. Aufl. Berlin-Göttingen-Heidelberg: Springer-Verlag 1948.

Marcuvitz, N. and J. Schwinger: On the representation of the electric and magnetic fields produced by current discontinuities in wave guides. J. appl. Phys. **22**, 806–819 (1951).

Maue, A.-W.: Zur Formulierung eines allgemeinen Beugungsproblems durch eine Integralgleichung. Z. Phys. **126**, 601–618 (1949). — Über komplementäre Beugungsprobleme. Z. Naturforsch. **4a**, 393/4 (1949).

Meixner, J.: Das Babinetsche Prinzip der Optik. Z. Naturforsch. **1**, 496–498 (1946). — Strenge Theorie der Beugung elektromagnetischer Wellen an der vollkommen leitenden Kreisscheibe. Z. Naturforsch. **3a**, 506–518 (1948). — Die Kantenbedingung in der Theorie der Beugung elektromagnetischer Wellen an vollkommen leitenden ebenen Schirmen. Ann. derPhysik **6**, 2–9 (1949).—Theorie der Beugung elektromagnetischerWellen an der vollkommen leitenden Kreisscheibe und verwandte Probleme. Ann. der Phys. **12**, 227–236 (1953). — und W. Andrejewski: Strenge Theorie der Beugung ebener elektromagnetischer Wellen an der vollkommen leitenden Kreisscheibe und an der kreisförmigen Öffnung im vollkommen leitenden ebenen Schirm. Ann. der Physik **7**,157–168 (1950). — und F. W. Schäfke: Mathieusche Funktionen und Sphäroidfunktionen.

(Die Grundlehren der mathematischen Wissenschaften Bd. 71.) Berlin-Göttingen-Heidelberg: Springer-Verlag 1954.

Messerschmidt, W.: Ein Beitrag zur Beugung am Gitter und am Spalt. Optik **12**, 298–315 (1955).

Miles, J. W.: On the diffraction of an electromagnetic pulse by a wedge. Proc. Roy. Soc. London, Ser. A **212**, 547–551 (1952). — On vector transforms. Phys. Review **74**, 1531 (1948).— On electromagnetic diffraction through a plane screen. Phys. Review **75**, 695–696 (1949); J. appl. Phys. **20**, 760–771, 468 (1949).

Miller, W.: Effective earth's radius for radiowave Propagation beyond the horizon. J. appl. Phys. **22**, 55–62 (1951).

Mirimanow, R. G.: Die Beugung einer elektromagnetischen Welle um eine kreisförmige Scheibe. Doklady Akad. Nauk SSSR **61**, 617–620 (1948).

Morse, P. M. and P. J. Rubenstein: The diffraction of waves by ribbons and by slits. Phys. Review **54**, 895–898 (1938).

Moshinsky, M. M.: Description de la diffraction-hachage par une distribution de sources. C. r. Acad. Sci., Paris **238**, 2395–2397 (1954).

Müller, Cl.: Über die Beugung elektromagnetischer Schwingungen an endlichen homogenen Körpern. Math. Ann. **123**, 345–378 (1951). — Mathematische Theorie der elektromagnetischen Schwingungen, Springer-Verlag (in Vorbereitung).

Müller, R.: Eine strenge Behandlung der Beugung elektromagnetischer Wellen am Streifengitter. Z. Naturforsch. **8a**, 56–60 (1953). — und K. Westpfahl: Eine strenge Behandlung der Beugung elektromagnetischer Wellen am Spalt. Z. Phys. **134**, 245–263 (1953).

Neugebauer, H. E. J.: A new method of solving diffraction problems. J. appl. Phys. **23**, 1406 (1952). — Diffraction of Electromagnetic Waves caused by Apertures in Absorbing Plane Screens. IRE Trans. **AP-4**, 115–119 (1956).

Nisbert, A. u. E. Wolf: On Linearly Polarized Electromagnetic Waves of Arbitrary Form, Proc. Cambridge philos. Soc. **50**, 614–622 (1954).

Novobatzky, K. F.: Lichtbeugung an schwarzen Schirmen. Z. Phys. **119**, 102–113 (1942).

Oberhettinger, F.: Über ein Randwertproblem der Wellengleichung in Zylinderkoordinaten. Ann. der Physik **43**, 136–160 (1943). — On Asymptotic Series for Functions Occuring in the Theory of Diffraction of Waves by Wedges. J. Math. Phys. **34**, 245–255 (1956).

Papas, Ch. H.: Diffraction by a cylindrical obstacle. J. appl. Phys. **21**, 318–325 (1950). — and R. King: Surface currents on a conducting sphere excited by a dipole. J. appl. Phys. **19**, 808–816 (1948).

Pearson, I. d.: The Diffraction of Electro-Magnetic Waves by a Semi-Infinite Circular Wave Guide. Proc. Cambridge philos. Soc. **49**, 659–667 (1953).

Pekeris, C. L.: Comments on Bethe's theory of diffraction of electromagnetic waves by small holes. Phys. Review **66**, 351 (1944).

Peters, A. S. and J. J. Stoker: A uniqueness theorem and a new solution for Sommerfeld's and other diffraction problems. Commun. pure appl. Math. **7**, 565–585 (1954).

Pfenninger, H.: Über die Polarisation von Lichtwellen am metallischen Kreiszylinder. Ann. der Physik **83**, 753–796 (1927).

Poeverlein, H.: Eine einfache Theorie der Beugung von Radiowellen jenseits des optischen Horizonts. Z. angew. Phys. **8**, 90–95 (1956).

Poincelot, M.: Sur un problème de diffraction. C. r. Acad. Sci., Paris **241**, 625–627 (1955).

de Possel, R. et C. Pouget-Michel: Sur le principe de Huygens pour une onde électromagnétique. C. r. Acad. Sci., Paris **232**, 1819–1821 (1951).

Lord Rayleigh: Wave Theory of Light. Enc. Britann. 1888; § 24.

Reesinck, J. J. M. and D. A. de Vries: The diffraction of light by a large number of circular objects. Physica **7**, 603–608 (1940).

Rice, S. O.: Diffraction of plane radio waves by a parabolic cylinder. Bell. Syst. Techn. J. **33**, 417–504 (1954).

Robinson, H. L.: Diffraction patterns in circular apertures less than one wavelenght in diameter. J. appl. Phys. **24**, 35–38 (1953).

Row, R. V.: Theoretical and experimental study of electromagnetic scattering by two identical conducting cylinders. J. appl. Phys. **26**, 666–675 (1955).

Rubinow, S. J.: Generalized variational principle for the scattering amplitude. Phys. Review **96**, 218/9 (1954).

Rubinowicz, A.: Eine einfache Ableitung des Ausdrucks für die Kirchhoffsche Beugungswelle. Acta phys. Polon. **12**, 225–229 (1953). — Die Rolle der Beugungswelle in den Fraunhoferschen Beugungserscheinungen. Acta phys. Polon. **13**, 1–13 (1954). — Fortpflanzung von Sprüngen elektromagnetischer Feldstärken und Eindeutigkeitsbeweis für das Anfangswertproblem der Maxwellschen Gleichungen. Acta phys. Polon. **14**, 209–224 (1955). — Der Satz der Erhaltung des Impulses und die Fortpflanzung von Sprüngen elektromagnetischer Feldstärken. Acta phys. Polon. **14**, 225–231 (1955).

Rumsey, V. H.: Reaction Concept in Electromagnetic Theory. Phys. Review **94**, 1483–1491 (1954).

Schelkunoff, S. A.: On diffraction and radiation of electromagnetic waves. Phys. Review **56**, 308–316 (1939). — Kirchhoff's formula, its vector analogue, and other field representation theorems. Commun. pure appl. Math. **4**, 43–59 (1951).

Schensted, C. E.: Electromagnetic and acoustic scattering by a semiinfinite body of revolution, J. appl. Phys. **26**, 306–308 (1955).

Schiller, R.: New Transition to Ray Optics. Phys. Review **97**, 1421–1428 (1955).

Shmoys, J.: Diffraction of electromagnetic waves by a plane wire grating. J. opt. Soc. Amer. **41**, 324–328 (1951).

Schumann, W. O.: Über die Ausbreitung sehr langer elektrischer Wellen und der Blitzentladung um die Erde. Z. angew. Phys. **4**, 474–480 (1953).

Senior, T. B. A.: Diffraction by a semi-infinite metallic sheet. Proc. Roy. Soc. London, Ser. A **213**, 436–458 (1952).

Severin, H.: Beugung elektromagnetischer Zentimeterwellen an metallischen Kreisscheiben. Z. angew. Phys. **2**, 499–505 (1950). — Zur Theorie der Beugung elektromagnetischer Wellen. Z. Phys. **129**, 426–439 (1951). — und W. v. Baeckmann: Beugung elektromagnetischer Zentimeterwellen an metallischen und dielektrischen Scheiben. Z. angew. Phys. **3**, 22–28 (1951).

Siegel, K. M., J. W. Crispin and C. E. Schensted: Electromagnetic and acoustic scattering from a semi-infinite cone. J. appl. Phys. **26**, 309–313 (1955).

Silver, S. and W. K. Saunders: The radiation from a transverse rectangular slot in a circular cylinder. J. appl. Phys. **21**, 745–749 (1950). — and W. K. Saunders: The external field produced by a slot in an infinite circular cylinder. J. appl. Phys. **21**, 153–158 (1950).

Sinclair, D.: Light scattering by spherical particles. J. opt. Soc. Amer. **37**, 475–480 (1947).

Smythe, W. R.: The Double current sheet in diffraction. Phys. Review **72**, 1066–1070 (1947).

Sommerfeld, A.: Mathematische Theorie der Diffraction. Math. Ann. **47**, 317–374 (1895). — Vorlesungen über theoretische Physik, Bd. 4 Optik Wiesbaden. Dieterich'sche Verlagsbuchhandlung 1950; Bd. 6 Partielle Differentialgleichungen der Physik. Leipzig: Akademische Verlagsgesellschaft 1948.

Spencer, D. E.: Separation of variables in electromagnetic theory. J. appl. Phys. **22**, 386–389 (1951).

Stevenson, A. F.: Solution of Electromagnetic Scattering Problems as Power Series in the Ratio (Dimension of Scatterer)/Wavelength. J. appl. Phys. **24**, 1134–1142 (1953). — Electromagnetic scattering by an ellipsoid in the third approximation. J. appl. Phys. **24**, 1143–1151 (1953).

Storer, J. E. and J. Sevick: General Theory of Plane-Wave Scattering from Finite, Conducting Obstacles with Application to the Two-Antenna Problems. J. appl. Phys. **25**, 369–376 (1954).

Stratton, J. A.: Electromagnetic Theory. Mc. Graw-Hill, New York 1951. — Spheroidal wave functions. New York: John Wiley and Sons, Inc. 1956. — and L. J. Chu: Diffraction theory of electromagnetic waves. Phys. Review **56**, 99–107 (1939). —, P.M. Morse, L. J. Chu and R. A. Hutner: Elliptic cylinder and spheroidal wave functions. New York: John Wiley and Sons, Inc., 1941.

Suchy, K.: Schrittweiser Übergang von der Wellenoptik zur Strahlenoptik in inhomogenen anisotropen absorbierenden Medien. I. Gleichungen für Wellennormale, Brechungsindex und Polarisation. Ann. der Physik **11**, 113–130 (1952); Berichtigung Ann. der Physik **12**, 423 (1953). — II. Lösung der Gleichungen für Wellennormale und Brechungsindex durch WBK-Näherung. Strahlenoptische Reflexion und Alternation. Ann. der Physik **13**, 178–197 (1953). — III. Gruppenfortpflanzung. Ann. der Physik **14**, 412–425 (1954). — Gekoppelte Wellengleichungen für inhomogene anisotrope Medien. Z. Naturforsch. **9a**, 630–636 (1954.)

Tai, C. T.: Electromagnetic Back-Scattering from cylindrical Wires. J. appl. Phys. **23**, 909–916 (1952).

Teisseyre, R.: The diffraction of a dipole field by a perfectly conducting wedge. Bull. Acad. Polon. Sci. **3**, 157–162 (1955).

Theissing, H. H.: Macrodistribution of light scattered by dispersions of spherical dielectric particles. J. opt. Soc. Amer. **40**, 232–243 (1950).

Toraldo di Francia, G.: Parageometrical Optics. J. opt. Soc. Amer. **40**, 600–602 (1950). — Electromagnetic Waves. New York: Interscience Publ. 1955. — Equazioni integrodifferenziali e principio di Babinet per gli schermi piani a conduttività unidirezionale. Rend. Accad. Naz. Lincei **20**, 476–480 (1956). — Il metodo variazionale di Levine e Schwinger, applicato agli schermi a conduttività unidirezionale. Rend. Accad. Naz. Lincei **21**, 86–91 (1956). — Momento di quantità di moto ceduto da un'onda elettromagnetica a un piccolo ellissoide, avente conduttività unidirezionale. Boll. Unione Mat. Italiana **11**, 332–343 (1956). – Electromagnetic Cross-Section of a Small Circular Disc with Unidirectional Conductivity. Il Nuovo Cimento **3**, 1276–1284 (1956). — Introduction to the Modern Theory of Electromagnetic Diffraction. Atti Fondaz. Giorgio Ronchi **11**, 503–551 (1956).

Tranter, W. O.: Diffraction of electromagnetic waves. Phys. Review **73**, 184 (1948).

v. Trentini, G.: Gitter als Schaltelemente elektrischer Wellen im Raum. Z. angew. Phys. **5**, 221–231 (1953). — Maximum Transmission of Electromagnetic Waves by a Pair of Wire Gratings. J. opt. Soc. Amer. **45**, 883–885 (1955).

Twersky, V.: On a multiple scattering theory of the finite grating and the Wood anomalies. J. appl. Phys. **23**, 1099–1118 (1952).

van de Hulst, H. C.: Optics of spherical particles. Amsterdam: Duwar & Zonen 1946. — On the attenuation of plane waves by obstacles of arbitrary size and form. Physica **15**, 740–746 (1949).

van der Pol, B. and H. Bremmer: The diffraction of electromagnetic waves from an electrical point source round a finitely conducting sphere, with applications to radiotelegraphy and the theory of the rainbow. Philos. Mag. **24**, 141–176; 825–864 (1937).

van Vleck, J. H., F. Bloch and M. Hamermesh: Theory of radar reflection from wires or thin metallic strips. J. appl. Phys. **18**, 274–294 (1947).

Vasseur, J. P.: Diffraction des ondes électromagnétiques par des ouvertures dans les écrans plans conducteurs. Ann. de Physique **7**, 506–563 (1952).

Vouk, V. B.: The Extinction Cross-Section Coefficient of Large Perfectly Absorbing Spherical Particles. Bull. Ac. Youg. **12**, 65–71 (1954).

Wait, J. R.: The fields of a line source of current over a stratified conductor. Appl. sci. Research. B **3**, 279–292 (1953). — A transient magnetic dipole source in a dissipative medium. J. appl. Phys. **24**, 341–343 (1953). — The potential of two current point sources in a homogeneous conducting prolate spheroid. J. appl. Phys. **24**, 496–497 (1953). — Radiation from a line source adjacent to a conducting half plane. J. appl. Phys. **24**, 1528–1529 (1953). — Reflection from a wire grid parallel to a conducting plane. Canadian J. Phys. **32**, 571–579 (1954). — Theory of electromagnetic surface waves over geological conductors. Geofisica pura e appl. **28**, 47–56 (1954). — Scattering of a Plane Wave from a Circular Dielectric Cylinder at Oblique Incidence. Canadian J. Phys. **33**, 189–195 (1955). — Field produced by an arbitrary slot in an elliptic cylinder. J. appl. Phys. **26**, 458–463 (1955). — and L. L. Campbell: The fields of an electric dipole in a semi-infinite conducting medium. J. of geophys. Research **58**, 21–28 (1953). — K. F. Hill and W. A. Pope: Reflection from a Mirror Surface with an Absorbent Coating. J. opt. Soc. Amer. **44**, 438–441 (1954).

Waser, J. and V. Schomaker: Fourier Inversion of Diffraction Data. Review modern Phys. **25**, 671–690 (1953).

Watson, G. N.: The diffraction of electric waves by the earth; The transmission of electric waves round the earth. Proc. Roy. Soc. London, Ser. A **95**, 83–99; 546–563 (1918).

Watson, R. B. and C. W. Horton: On the calculation of radiation patterns of dielectric rods. J. appl. Phys. **19**, 836–837 (1948). — On the diffraction of a radar wave by a conducting wedge. J. appl. Phys. **21**, 802–804 (1950).

Westpfahl, K.: Zur strengen Theorie der Beugung elektromagnetischer Wellen an ebenen Schirmen. Z. Phys. **141**, 354–373 (1955).

Wiegel, E.: Über die Farben des kolloiden Silbers und die Miesche Theorie. Z. Phys. **136**, 642–653 (1954).

Wiles, S. T. and A. B. McLay: Diffraction of 3.2 cm electromagnetic waves by cylindrical objects. Canadian J. Phys. **32**, 372–380 (1954).

Williams, W. E.: Diffraction by two parallel planes of finite length. Proc. Cambridge philos. Soc. **50**, 309–318 (1954).

Wolf, E.: Diffraction associated with defocusing. Nature **164**, 924 (1949).— Light distribution near focus in an error-free diffraction image. Proc. Roy. Soc. London, Ser. A **204**, 533–548 (1951). — The diffraction theory of aberrations. Rep. on Progress in Phys. **14**, 95–120 (1951). — A macroscopic theory of Interference and Diffraction of Light from Finite Sources. Nature **172**, 535 (1953). — A macroscopic theory of interference and diffraction of light from finite sources, I. Fields with a narrow spectral range. Proc. Roy. Soc. London, Ser. A **225**, 96–111 (1954). — II. Fields with a spectral range of arbitrary width. Proc. Roy. Soc. London, Ser. A **230**, 246–265 (1955).

Zuhrt, H.: Über die Anwendung des Kirchhoff-Huygensschen Prinzips auf elektromagnetische Strahlungsfelder. Frequenz **1**, 33, 63 (1947); **2**, 6 (1948). — Elektromagnetische Strahlungsfelder. Berlin-Göttingen-Heidelberg: Springer-Verlag 1953.

Namen- und Sachverzeichnis